HISTOIRE NATURELLE

DES

ANIMAUX

PREMIÈRE SÉRIE. — Format in-4°.

POITIERS. — TYPOGRAPHIE OUDIN.

LE LION.

BUFFON

HISTOIRE NATURELLE

DES

ANIMAUX

Ornée d'un portrait de Buffon et de plusieurs gravures sur bois.

PARIS

H. LECÈNE ET H. OUDIN, ÉDITEURS

17, RUE BONAPARTE, 17

1888

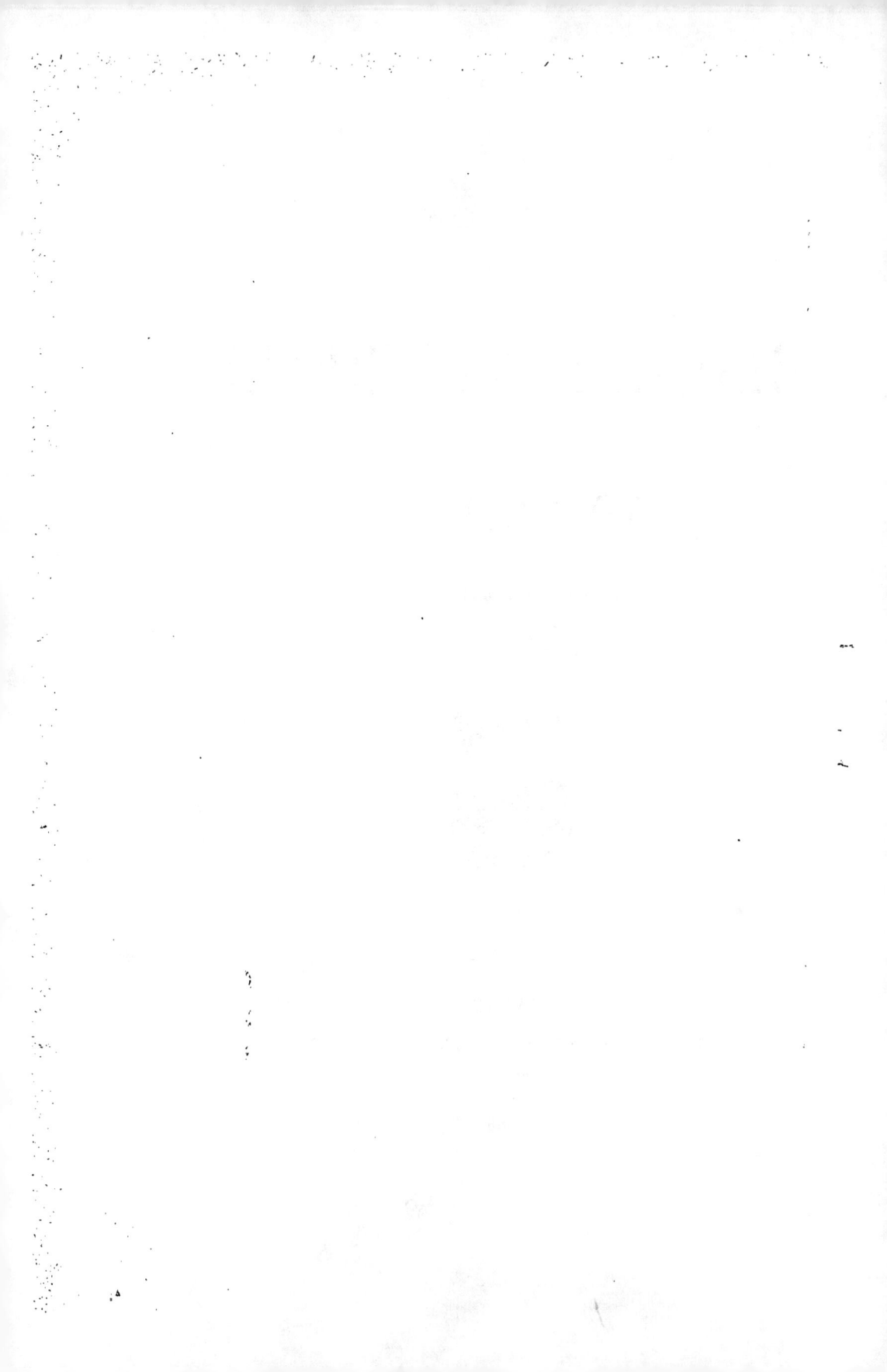

INTRODUCTION

BUFFON

Georges-Louis Leclerc, comte de Buffon, est né à Montbard en Bourgogne en septembre 1707. Son père était conseiller au Parlement de Dijon : le jeune Buffon fit ses études au collège de Dijon et il annonça de bonne heure de brillantes dispositions pour les sciences.

Sorti du collège, il fit deux voyages, l'un en Italie, l'autre en Angleterre : il n'en a jamais fait d'autres. « J'ai passé cinquante ans à mon bureau, » disait-il, et on est confondu de songer que cet homme, à la vue basse (il était très myope), ait pu de son bureau « embrasser tant d'espaces et d'époques et décrire tant de formes vivantes. »

En 1739, lorsqu'il fut nommé intendant du Jardin du Roi, nom que portait anciennement le Jardin des Plantes, et qu'il fut associé à l'Académie des sciences, Buffon n'était connu que par quelques traductions d'ouvrages anglais et par quel-

ques mémoires sur des sujets spéciaux de physique, de géo-
métrie et d'agriculture. Il conçut alors le projet de devenir
l'historien de la nature. Dix ans après, en 1749, après s'être
adjoint le savant naturaliste Daubenton, pour la partie des-
criptive et anatomique, il publia les trois premiers volumes
de son *Histoire naturelle*. Ce fut un véritable événement ;
trente-trois autres volumes suivirent de 1749 à 1788, date de
la mort de Buffon. Le volume qui contient les *Époques de la
nature* (1778), passe pour le chef-d'œuvre de Buffon.

Au milieu des agitations de la vie des écrivains au
xviiie siècle, Buffon nous apparaît comme un solitaire ; il vit
peu dans le monde ; il ne passe que quelques mois de l'année
à Paris ; il s'isole le reste du temps à Montbard, dans cette
tour qui lui sert de cabinet de travail et où il s'enferme, pour
méditer et écrire. D'une taille avantageuse, d'un port majestueux, ayant, selon l'expression de Voltaire, « le corps d'un
athlète et l'âme d'un sage, » il se montre à nous dans tout le
calme et la conscience de sa force, plein de dignité et de noblesse, remplissant simplement sa journée de travail et de
labeur féconds. « Dans son *Histoire naturelle*, dit Sainte-
Beuve, Buffon imagine un homme tout neuf et sans notions
aucunes, dans une campagne où les animaux, les oiseaux,
les poissons, les plantes, les pierres se présentent successivement à ses yeux. Après un premier débrouillement, cet
homme distinguera la matière animée de l'inanimée, et, de
la matière animée proprement dite, il distinguera la matière

Georges-Louis Leclerc, comte de Buffon.

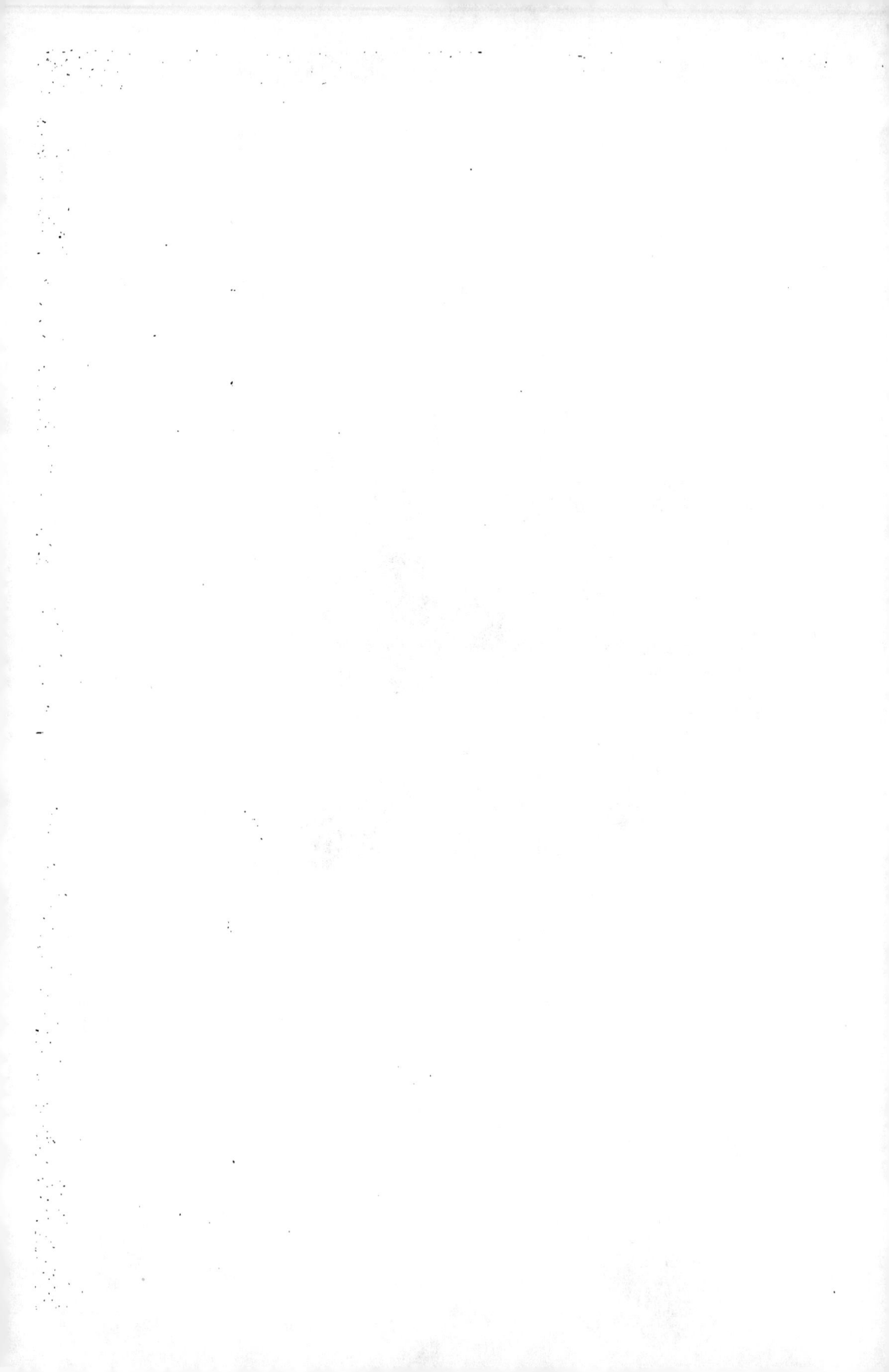

végétative. Arrivé à cette première grande division, *animal,* *végétal* et *minéral,* il en viendra à distinguer dans le règne animal les animaux qui vivent sur la terre d'avec ceux qui demeurent dans l'eau ou ceux qui s'élèvent dans l'air. »

C'est ainsi, ajoute Buffon, « que cet homme viendra à juger des objets de l'Histoire naturelle par les rapports qu'ils auront avec lui : ceux qui lui seront les plus *nécessaires,* les plus *utiles,* tiendront le premier rang ; par exemple, il donnera la préférence, dans l'ordre des animaux, au cheval, au chien, au bœuf, etc. Ensuite il s'occupera de ceux qui, sans être familiers, ne laissent pas d'habiter les mêmes lieux et les mêmes climats, comme les cerfs, les lièvres, etc. »

Ce ne fut qu'après un grand nombre de volumes que Buffon, instruit et par la pratique et par les descriptions auxiliaires de Daubenton, en vint à former des classifications plus fondées sur l'observation comparée des êtres en eux-mêmes.

Quand il entra à l'Académie française en 1753, il fit pour ainsi dire le portrait de son génie en prononçant le Discours sur le *Style* qui est demeuré classique. « Le style, dit-il, n'est que l'ordre et le mouvement qu'on met dans ses pensées.... Pour bien écrire, il faut donc posséder pleinement son sujet; il faut y réfléchir assez pour voir clairement l'ordre de ses pensées et en former une suite, une chaîne continue, dont chaque point représente une idée ; et, lorsqu'on aura pris la plume, il faudra la conduire successivement sur ce premier trait, sans lui permettre de s'en écarter, sans l'appuyer trop inégalement, sans lui donner d'autre mouvement que celui qui sera déterminé par l'espace qu'elle doit parcourir. C'est en cela que consiste la sévérité du style; c'est aussi ce qui en fera l'unité et ce qui en réglera la rapidité, et cela seul aussi suffira pour le rendre précis et simple, égal et clair, vif et suivi. »

Ce sont bien là les qualités du style de Buffon : il est un modèle de majestueuse élégance, de clarté et de précision. On peut appliquer à Buffon ce qu'il disait d'un ancien, Pline le Naturaliste : « Il avait cette facilité de penser en grand qui multiplie la science. Il avait cette finesse de réflexion de laquelle dépendent l'élégance et le goût, et il communique à ses lecteurs une certaine liberté d'esprit, une hardiesse de pensée qui est le germe de la philosophie. »

Avec Montesquieu, Voltaire et J.-J. Rousseau, Buffon est un des quatre grands écrivains du dix-huitième siècle, qu'il ferme pour ainsi dire le jour de sa mort, 16 avril 1788. Avant de mourir, il vit sa statue placée à l'entrée du Muséum, avec cette inscription : *Majestati naturæ par ingenium*, son génie fut égal à la majesté de la nature.

HISTOIRE NATURELLE
DES ANIMAUX

LES ANIMAUX DOMESTIQUES

LE CHEVAL

La plus noble conquête que l'homme ait jamais faite est celle de ce fier et fougueux animal, qui partage avec lui les fatigues de la guerre et la gloire des combats : aussi intrépide que son maître, le cheval voit le péril et l'affronte ; il se fait au bruit des armes, il l'aime, il le cherche et s'anime de la même ardeur : il partage aussi ses plaisirs ; à la chasse, aux tournois, à la course, il brille, il étincelle. Mais, docile autant que courageux, il ne se laisse point emporter à son feu ; il sait réprimer ses mouvements : non seulement il fléchit sous la main de celui qui le guide, mais il semble consulter ses désirs, et, obéissant toujours aux impressions qu'il en reçoit, il se précipite, se modère ou s'arrête : c'est une créature qui renonce à son être pour n'exister que par la volonté d'un autre, qui sait même la prévenir ; qui, par la promptitude et la précision de ses

mouvements, l'exprime et l'exécute ; qui sent autant qu'on le désire, et ne rend qu'autant qu'on veut ; qui, se livrant sans réserve, ne
se refuse à rien, sert de toutes ses forces, s'excède, et même meurt,
pour mieux obéir.

Voilà le cheval dont les talents sont développés, dont l'art a perfectionné les qualités naturelles, qui, dès le premier âge, a été soigné et
ensuite exercé, dressé au service de l'homme : c'est par la perte des
liberté que commence son éducation, et c'est par la contrainte qu'elle
s'achève. L'esclavage ou la domesticité de ces animaux est même si
universelle, si ancienne, que nous ne les voyons que rarement dans
leur état naturel : ils sont toujours couverts de harnais dans leurs
travaux ; on ne les délivre jamais de tous leurs liens, même dans
les temps du repos ; et si on les laisse quelquefois errer en liberté
dans les pâturages, ils y portent toujours les marques de la servitude, et souvent les empreintes cruelles du travail et de la douleur ;
la bouche est déformée par les plis que le mors a produits ; les flancs
sont entamés par des plaies, ou sillonnés de cicatrices faites par
l'éperon ; la corne des pieds est traversée par des clous. L'attitude
du corps est encore gênée par l'impression subsistante des entraves
habituelles ; on les en délivrerait en vain, ils n'en seraient pas plus libres : ceux même dont l'esclavage est le plus doux, qu'on ne nourrit,
qu'on n'entretient que pour le luxe et la magnificence, et dont les
chaînes dorées servent moins à leur parure qu'à la vanité de leur maître, sont encore plus déshonorés par l'élégance de leur toupet, par
les tresses de leurs crins, par l'or et la soie dont on les couvre, que
par les fers qui sont sous leurs pieds.

La nature est plus belle que l'art ; et, dans un être animé, la liberté des mouvements fait la belle nature. Voyez ces chevaux qui se sont multipliés dans les contrées de l'Amérique espagnole, et qui vivent en chevaux libres : leur démarche, leur course, leurs sauts, ne sont ni gênés, ni mesurés ; fiers de leur indépendance, ils fuient la présence de l'homme, ils dédaignent ses soins ; ils cherchent et trouvent eux-mêmes la nourriture qui leur convient ; ils errent, ils bondissent en liberté dans des prairies immenses, où ils cueillent les productions nouvelles d'un printemps toujours nouveau ; sans habitation fixe, sans autre abri que celui d'un ciel serein, ils respirent un air plus pur que celui de ces palais voûtés où nous les renfermons, en pressant les espaces qu'ils doivent occuper : aussi ces chevaux sauvages sont-ils beaucoup plus forts, plus légers, plus nerveux que la plupart des chevaux domestiques ; ils ont ce que donne la nature, la force et la noblesse ; les autres n'ont que ce que l'art peut donner, l'adresse et l'agrément.

Le naturel de ces animaux n'est point féroce, ils sont seulement fiers et sauvages. Quoique supérieurs par la force à la plupart des autres animaux, jamais ils ne les attaquent ; et s'ils en sont attaqués, ils les dédaignent, les écartent, ou les écrasent. Ils vont aussi par troupes, et se réunissent pour le seul plaisir d'être ensemble ; car ils n'ont aucune crainte, mais ils prennent de l'attachement les uns pour les autres. Comme l'herbe et les végétaux suffisent à leur nourriture, qu'ils ont abondamment de quoi satisfaire leur appétit, et qu'ils n'ont aucun goût pour la chair des animaux, ils ne leur font point la guerre, ils ne se la font point entre eux, ils ne se disputent pas leur subsistance ; ils n'ont jamais occasion de ravir une proie ou de s'arracher un bien, sources ordinaires de querelles et de combats parmi les autres animaux carnassiers : ils vivent donc en paix, parce que leurs appétits sont simples et modérés, et qu'ils ont assez pour ne se rien envier.

Tout cela peut se remarquer dans les jeunes chevaux qu'on élève ensemble et qu'on mène en troupeaux ; ils ont les mœurs douces et les qualités sociales ; leur force et leur ardeur ne se marquent ordinairement que par des signes d'émulation ; ils cherchent à se devancer à la course, à se faire et même s'animer au péril en se défiant à travers une rivière, sauter un fossé ; et ceux qui dans ces exercices naturels donnent l'exemple, ceux qui d'eux-mêmes vont les premiers, sont les plus généreux, les meilleurs, et souvent les plus dociles et les plus souples, lorsqu'ils sont une fois domptés.

A l'âge de trois ans ou de trois ans et demi, on doit commencer à les dresser et à les rendre dociles : on leur mettra d'abord une légère selle et aisée, et on les laissera sellés pendant deux ou trois heures chaque jour ; on les accoutumera de même à recevoir un bridon dans la bouche, et à se laisser lever les pieds, sur lesquels on frappera quelques coups comme pour les ferrer ; et si ce sont des hevaux destinés au carrosse ou au trait, on leur mettra un harnais sur le corps et un bridon. Dans les commencements, il ne faut point de bride, ni pour les uns ni pour les autres ; on les fera trotter ensuite à la longe avec un caveçon (1) sur le nez, sur un terrain uni, sans

_____

(1) Appareil pour dompter les chevaux ; c'est une espèce de *torche-nez*.

être montés, et seulement avec la selle ou le harnais sur le corps ; et lorsque le cheval de selle tournera facilement, et viendra volontiers auprès de celui qui tient la longe, on le montera et descendra dans la même place et sans le faire marcher, jusqu'à ce qu'il ait quatre ans, parce qu'avant cet âge il n'est pas encore assez fort pour n'être pas, en marchant, surchargé du poids du cavalier ; mais à quatre ans on le montera pour le faire marcher au pas et au trot, et toujours à petites reprises. Quand le cheval de carrosse sera accoutumé au harnais, on l'attellera avec un autre cheval fait, en lui mettant une bride, et on le conduira avec une longe passée dans la bride, jusqu'à ce qu'il commence à être sage au trait ; alors le cocher essaiera de le faire reculer, ayant pour aide un homme devant, qui le poussera en arrière avec douceur, et même lui donnera de petits coups pour l'obliger à reculer. Tout cela doit se faire avant que les jeunes chevaux aient changé de nourriture ; car quand une fois ils sont ce qu'on appelle engrainés, c'est-à-dire lorsqu'ils sont au grain et à la paille, comme ils sont plus vigoureux, on a remarqué qu'ils étaient aussi moins dociles, et plus difficiles à dresser.

Le mors et l'éperon sont deux moyens qu'on a imaginés pour les obliger à recevoir le commandement : le mors pour la précision, et l'éperon pour la promptitude des mouvements. La bouche ne paraissait pas destinée par la nature à recevoir d'autres impressions que celles du goût et de l'appétit ; cependant elle est d'une si grande sensibilité dans le cheval, que c'est à la bouche, par préférence à l'œil et à l'oreille, qu'on s'adresse pour transmettre au cheval les signes de la volonté ; le moindre mouvement ou la plus petite pression du mors suffit pour avertir et déterminer l'animal, et cet organe de sentiment n'a d'autre défaut que celui de sa perfection même. Sa trop grande sensibilité veut être ménagée; car si on en abuse, on gâte la bouche du cheval, en la rendant insensible à l'impression du mors. Les sens de la vue et de l'ouïe ne seraient pas sujets à une telle altération et ne pourraient être émoussés de cette façon ; mais apparemment on a trouvé des inconvénients à commander aux chevaux par ces organes, et il est vrai que les signes transmis par le toucher font beaucoup plus d'effet sur les animaux en général, que ceux qui leur sont transmis par l'œil ou par l'oreille. D'ailleurs, la situation des chevaux par rapport à celui qui les monte ou qui les conduit rend les yeux presque inutiles à cet effet, puisqu'ils ne voient que devant eux, et que ce n'est qu'en tournant la tête qu'ils pourraient apercevoir les signes qu'on leur ferait ; et quoique l'oreille soit un sens par lequel on les anime et on les conduit souvent, il paraît qu'on a restreint et laissé aux chevaux grossiers l'usage de cet organe, puisqu'au manège, qui est le lieu de la plus parfaite éducation, l'on ne parle presque point aux chevaux, et qu'il ne faut pas même qu'il paraisse qu'on les conduise. En effet, lorsqu'ils sont bien dressés, la moindre pression des cuisses, le plus léger mouvement du mors suffit pour les diriger ; l'éperon est même inutile, ou du moins on ne s'en sert que pour les forcer à faire des mouvements violents ; et lorsque, par l'ineptie du cavalier, il arrive qu'en donnant de l'éperon il retient la bride, le cheval, se trouvant excité d'un côté et retenu de l'autre, ne peut que se cabrer en faisant un bond sans sortir de sa place.

On donne à la tête du cheval, par le moyen de la bride, un air avantageux et relevé : on la place comme elle doit être, et le plus petit signe ou le plus petit mouvement du cavalier suffit pour faire prendre au cheval ses différentes allures. La plus naturelle est peut-être le trot ; mais le pas, et même le galop, sont plus doux pour le cavalier, et ce sont aussi les deux allures qu'on s'applique le plus à perfectionner.

Le pas, qui est la plus lente de toutes les allures, doit cependant être prompt : il faut qu'il ne soit ni trop allongé ni trop raccourci, et que la démarche du cheval soit légère : cette légèreté dépend beaucoup de la liberté des épaules, et se reconnaît à la manière dont il porte la tête en marchant ; s'il la tient haute et ferme, il est ordinairement vigoureux et léger : lorsque le mouvement des épaules n'est pas assez libre, la jambe ne se lève point assez, et le cheval est sujet à faire des faux pas, et à heurter du pied contre les inégalités du terrain ; et lorsque les épaules sont encore plus serrées, et que le mouvement des jambes en paraît indépendant, le cheval se fatigue, fait des chutes, et n'est capable d'aucun service. Le cheval doit être sur la hanche, c'est-à-dire hausser les épaules et baisser la hanche en marchant ; il doit aussi soutenir sa jambe et la lever assez haut ; mais s'il la soutient trop longtemps, s'il la laisse retomber trop lentement, il perd tout l'avantage de la légèreté, il devient dur, et n'est bon que pour l'appareil et pour piaffer.

Il ne suffit pas que les mouvements du cheval soient légers, il faut encore qu'ils soient égaux et uniformes dans le train du devant et dans celui du derrière ; car si la croupe balance tandis que les épau-

les se soutiennent, le mouvement se fait sentir au cavalier par secousses et lui devient incommode.

La durée de la vie des chevaux est, comme dans toutes les autres espèces d'animaux, proportionnée à la durée du temps de
leur accroissement. L'homme, qui est quatorze ans à croître, peut
vivre six ou sept fois autant de temps, c'est-à-dire quatre-vingt-dix
ou cent ans. Le cheval, dont l'accroissement se fait en quatre ans,
peut vivre six ou sept fois autant, c'est-à-dire vingt-cinq ou trente
ans. Les exemples qui pourraient être contraires à cette règle sont
si rares, qu'on ne doit pas même les regarder comme une exception dont on puisse tirer des conséquences ; et comme les gros
chevaux prennent leur entier accroissement en moins de temps que
les chevaux fins, ils vivent aussi moins de temps, et sont vieux
dès l'âge de quinze ans.

Dans tous les animaux, chaque espèce est variée suivant les différents climats, et les résultats généraux de ces variétés forment
et constituent les différentes races, dont nous ne pouvons saisir
que celles qui sont les plus marquées, c'est-à-dire celles qui diffèrent sensiblement les unes des autres, en négligeant toutes les
nuances intermédiaires, qui sont ici, comme en tout, infinies. Nous
en avons même encore augmenté le nombre et la confusion en
favorisant le mélange de ces races, et nous avons, pour ainsi dire,
brusqué la nature en amenant en ces climats des chevaux d'Afrique
et d'Asie ; nous avons rendu méconnaissables les races primitives
de France, en y introduisant des chevaux de tout pays : et il ne nous
reste, pour distinguer les chevaux, que quelques légers caractères

produits par l'influence actuelle du climat. Ces caractères seraient
bien plus marqués, et les différences seraient bien plus sensibles,
si les races de chaque climat s'y fussent conservées sans mélange :
les petites variétés auraient été moins nuancées, moins nombreuses ; mais il y aurait eu un certain nombre de grandes variétés bien
caractérisées, que tout le monde aurait aisément distinguées ; au
lieu qu'il faut de l'habitude, et même une assez longue expérience
pour connaître les chevaux des différents pays.

Les chevaux arabes sont les plus beaux que l'on connaisse en
Europe ; ils sont plus grands et plus étoffés que les barbes, et tout
aussi bien faits ; mais comme il en vient rarement en France, les
écuyers n'ont pas d'observations détaillées de leurs perfections et de
leurs défauts.

Les chevaux barbes sont plus communs : ils ont l'encolure longue, fine, peu chargée de crins et bien sortie du garrot ; la tête belle,
petite, et assez ordinairement moutonnée ; l'oreille belle et bien
placée, les épaules légères et plates, le garrot mince et bien relevé,
les reins courts et droits, le flanc et les côtes rondes sans trop de
ventre, les hanches bien effacées, la croupe le plus souvent un peu
longue, et la queue placée un peu haut, la cuisse bien formée et rarement plate, les jambes belles, bien faites et sans poil, le nerf bien
détaché, le pied bien fait, mais souvent le pâturon long. On en voit
de tous poils, mais plus communément de gris. Les barbes ont un
peu de négligence dans leur allure ; ils ont besoin d'être recherchés, et on leur trouve beaucoup de vitesse et de nerf : ils sont fort
légers, et très propres à la course. Ces chevaux paraissent être les

plus propres pour en tirer race : il serait seulement à souhaiter qu'ils fussent de plus grande taille ; les plus grands sont de quatre pieds huit pouces, et il est rare d'en trouver qui aient quatre pieds neuf pouces. Il est confirmé par expérience qu'en France et en Angleterre ils ont des poulains qui sont plus grands qu'eux. On prétend que parmi les barbes, ceux du royaume de Maroc sont les meilleurs, ensuite les barbes de montagne ; ceux du reste de la Mauritanie sont au-dessous, aussi bien que ceux de Turquie, de Perse et d'Arménie. Tous ces chevaux des pays chauds ont le poil plus ras que les autres. Les chevaux turcs ne sont pas si bien proportionnés que les barbes : ils ont pour l'ordinaire l'encolure effilée, le corps long, les jambes trop menues ; cependant ils sont grands travailleurs et de longue haleine. On n'en sera pas étonné, si l'on fait attention que dans les pays chauds les os des animaux sont plus durs que dans les climats froids ; et c'est par cette raison qu'ils ont plus de force dans les jambes.

Les chevaux d'Espagne , qui tiennent le second rang après les barbes, ont l'encolure longue, épaisse, et beaucoup de crins ; la tête un peu grosse, et quelquefois moutonnée ; les oreilles longues mais bien placées ; les yeux pleins de feu ; l'air noble et fier, les épaules épaisses, et le poitrail large ; les reins assez souvent un peu bas ; la côte ronde et souvent un peu trop de ventre ; la croupe ordinairement ronde et large, quoique quelques-uns l'aient un peu longue ; les jambes belles et sans poil, le nerf bien détaché ; le pâturon quelquefois un peu long, comme les barbes ; le pied un peu allongé, comme celui d'un mulet, et souvent le talon trop haut.

Les chevaux d'Espagne de belle race sont épais, bien étoffés, bas de terre ; ils ont aussi beaucoup de mouvement dans leur démarche, beaucoup de souplesse, de feu et de fierté ; leur poil le plus ordinaire est noir ou bai marron, quoiqu'il y en ait quelques-uns de toutes sortes de poils. Ils ont très rarement des jambes blanches et des nez blancs : les Espagnols, qui ont de l'aversion pour ces marques, ne tirent point race des chevaux qui les ont ; ils ne veulent qu'une étoile au front ; ils estiment même les chevaux zains (1) autant que nous les méprisons. L'un et l'autre de ces préjugés, quoique contraires, sont peut-être tout aussi mal fondés, puisqu'il se trouve de très bons chevaux avec toutes sortes de marques, et de même d'excellents chevaux qui sont zains. Cette petite différence dans la robe d'un cheval ne semble en aucune façon dépendre de son naturel ou de sa constitution intérieure, puisqu'elle dépend en effet d'une qualité extérieure et si superficielle, que par une légère blessure dans la peau on produit une tache blanche. Au reste, les chevaux d'Espagne, zains ou autres, sont tous marqués à la cuisse, hors le montoir, de la marque du haras dont ils sont sortis. Ils ne sont pas communément de grande taille ; cependant on en trouve quelques-uns de quatre pieds neuf ou dix pouces. Ceux de la haute Andalousie passent pour être les meilleurs de tous, quoiqu'ils soient assez sujets à avoir la tête trop longue ; mais on leur fait grâce de ce défaut en faveur de leurs rares qualités : ils ont du courage, de l'obéissance, de la

---

(1) Un cheval zain est un cheval tout noir ou tout bai, sans aucune tache de blanc.

grâce, de la fierté, et plus de souplesse que les barbes : c'est par tous ces avantages qu'on les préfère à tous les autres chevaux du monde, pour la guerre, pour la pompe, et pour le manège.

Les plus beaux chevaux anglais sont, pour la conformation, assez semblables aux arabes et aux barbes, dont ils sortent en effet : ils ont cependant la tête plus grande, mais bien faite et moutonnée, les oreilles plus longues, mais bien placées. Par les oreilles seules on pourrait distinguer un cheval anglais d'un cheval barbe ; mais la grande différence est dans la taille : les anglais sont bien étoffés et beaucoup plus grands ; on en trouve communément de quatre pieds dix pouces, et même de cinq pieds de hauteur. Il y en a de tous poils et de toutes marques. Ils sont généralement forts, vigoureux, hardis, capables d'une grande fatigue, excellents pour la chasse et la course ; mais il leur manque la grâce et la souplesse ; ils sont durs, et ont peu de liberté dans les épaules.

On parle souvent de courses de chevaux en Angleterre, et il y a des gens extrêmement habiles dans cette espèce d'art gymnastique. Pour en donner une idée, je ne puis mieux faire que de rapporter ce qu'un homme respectable m'a écrit de Londres le 18 février 1748. M. Thornhill, maître de poste à Stilton, fit gageure de courir à cheval trois fois de suite le chemin de Stilton à Londres, c'est-à-dire de faire deux cent quinze milles d'Angleterre (environ soixante-douze lieues de France) en quinze heures. Le 29 avril 1745, il se mit en course, partit de Stilton, fit la première course jusqu'à Londres en trois heures cinquante et une minutes, et monta huit différents chevaux dans cette course ; il repartit sur-le-champ, et fit la seconde course

Eclipse, célèbre cheval de Course anglais.

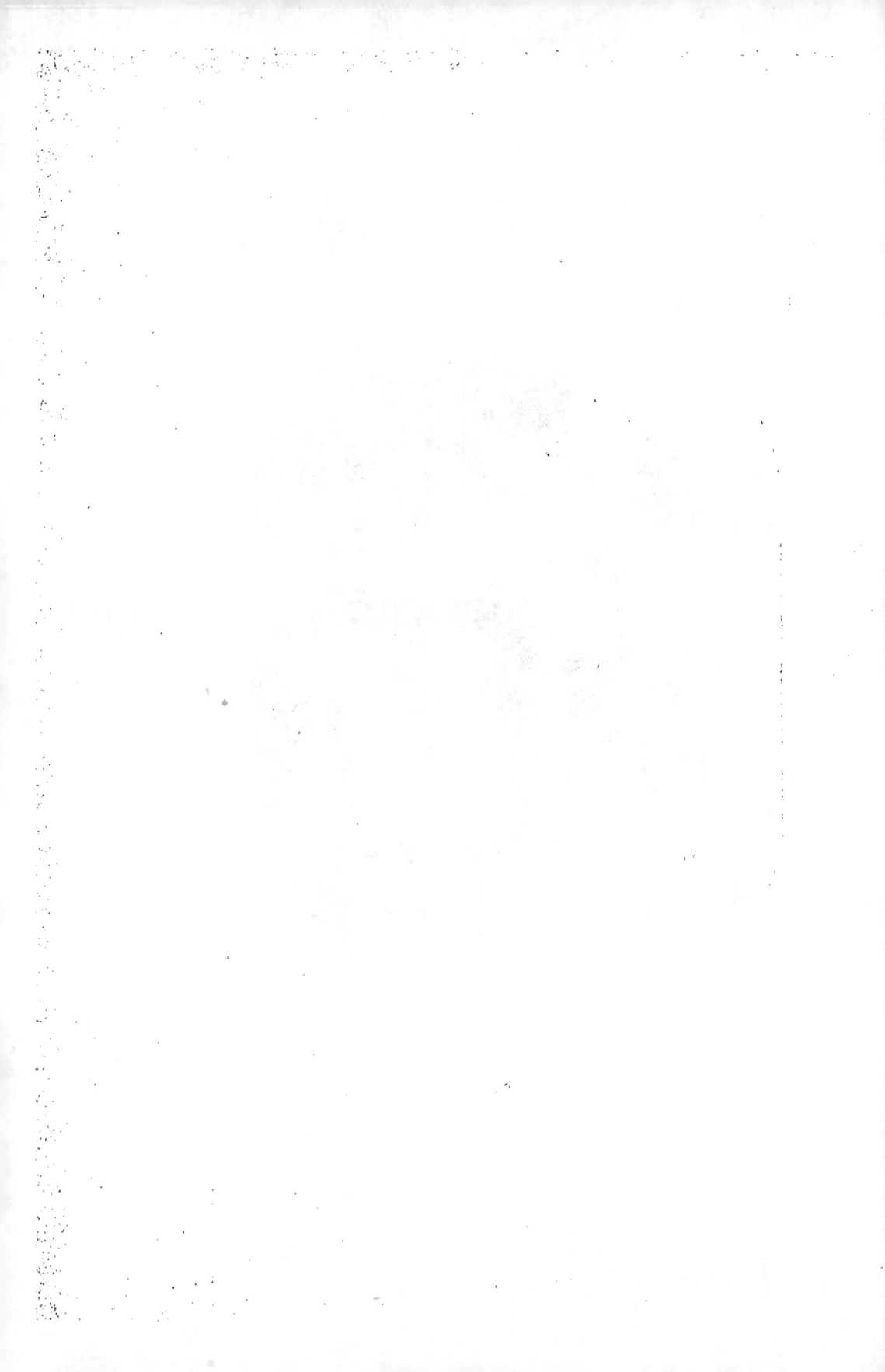

de Londres à Stilton en trois heures cinquante-deux minutes, et ne monta que six chevaux ; il se servit pour la troisième course des mêmes chevaux qui lui avaient déjà servi : dans les quatorze il en monta sept, et il acheva cette dernière course en trois heures quarante-neuf-minutes : en sorte que non seulement il remplit la gageure qui était de faire ce chemin en quinze heures, mais il le fit en onze heures trente-deux minutes. Je doute que dans les jeux olympiques il se soit jamais fait une course si rapide que cette course de M. Thornhill.

Les chevaux d'Italie étaient autrefois plus beaux qu'ils ne le sont aujourd'hui, parce que depuis un certain temps on y a négligé les haras ; cependant il se trouve encore de beaux chevaux napolitains, surtout pour les attelages ; mais en général ils ont la tête grosse et l'encolure épaisse ; ils sont indociles, et par conséquent difficiles à dresser. Ces défauts sont compensés par la richesse de leur taille, par leur fierté, et par la beauté de leurs mouvements.

Les chevaux danois sont de si belle taille et si étoffés, qu'on les préfère à tous les autres pour en faire des attelages. Il y en a de parfaitement bien moulés, mais en petit nombre ; car le plus souvent ces chevaux n'ont pas une conformation fort régulière. La plupart ont l'encolure épaisse, les épaules grosses, les reins un peu longs et bas, la croupe trop étroite pour l'épaisseur du devant ; mais ils ont toujours de beaux mouvements, et en général ils sont très bons pour la guerre et pour l'appareil. Ils sont de tous poils ; et même les poils singuliers, comme pie et tigre, ne se trouvent guère que dans les chevaux danois.

Il y a en Allemagne de fort beaux chevaux ; mais en général ils
sont pesants et ont peu d'haleine, quoiqu'ils viennent pour la plupart
des chevaux turcs et barbes, dont on entretient les haras, aussi bien
que des chevaux d'Espagne et d'Italie. Ils sont donc peu propres à la

Cheval de trait.

chasse et à la course de vitesse, au lieu que les chevaux hongrois,
transylvains, etc., sont au contraire légers et bons coureurs. Les
houssards et les Hongrois leur fendent les naseaux, en vue, dit-
on, de leur donner plus d'haleine, et aussi pour les empêcher de hennir à la guerre. On prétend que les chevaux auxquels on a fendu les
naseaux ne peuvent plus hennir. Je n'ai pas été à portée de vérifier ce

fait ; mais il me semble qu'ils doivent seulement hennir plus fai-
blement.

Les chevaux de Hollande sont fort bons pour le carrosse, et ce sont
ceux dont on se sert le plus communément en France. Les meilleurs

Cheval de selle.

viennent de la province de Frise ; il y en a aussi de fort bons dans
les pays de Bergues et de Juliers. Les chevaux flamands sont fort
au-dessous des chevaux de Hollande : ils ont presque tous la tête
grosse, les pieds plats, les jambes sujettes aux eaux ; et ces deux
derniers défauts sont essentiels dans les chevaux de carrosse.

Il y a en France des chevaux de toute espèce; mais les beaux sont
en petit nombre. Les meilleurs chevaux de selle viennent du Limou-

sin : ils ressemblent assez aux barbes, et sont comme eux excellents pour la chasse, mais ils sont tardifs dans leur accroissement ; il faut les ménager dans leur jeunesse, et même ne s'en servir qu'à l'âge de huit ans. Il y a aussi de très bons bidets en Auvergne , en Poitou, dans le Morvan, en Bourgogne ; mais, après le Limousin, c'est la Normandie qui fournit les plus beaux chevaux : ils ne sont pas si bons pour la chasse ; mais ils sont meilleurs pour la guerre ; ils sont plus étoffés et plus tôt formés. On tire de la basse Normandie et du Cotentin de très beaux chevaux de carrosse, qui ont plus de légèreté et de ressource que les chevaux de Hollande. La Franche-Comté et le Boulonnois fournissent de très bons chevaux de tirage. En général, les chevaux français pèchent pour avoir de trop grosses épaules, au lieu que les barbes pèchent pour les avoir trop serrées.

Après l'énumération de ces chevaux qui nous sont les mieux connus, nous rapporterons ce que les voyageurs disent des chevaux étrangers que nous connaissons peu. Il y a de fort bons chevaux dans toutes les îles de l'Archipel. Ceux de l'île de Crète étaient en grande réputation chez les anciens pour l'agilité et la vitesse ; cependant aujourd'hui on s'en sert peu dans le pays même, à cause de la trop grande aspérité du terrain, qui est presque partout fort inégal et fort montueux. Les beaux chevaux de ces îles, et même ceux de Barbarie, sont de race arabe.

Les chevaux arabes viennent des chevaux sauvages des déserts d'Arabie, dont on a fait très anciennement des haras, qui les ont tant multipliés, que toute l'Asie et l'Afrique en sont pleines. Ils sont si légers, que quelques-uns d'entre eux devancent les autruches à la

Cheval Arabe

course. Les Arabes du désert et les peuples de Libye élèvent une grande quantité de ces chevaux pour la chasse ; ils ne s'en servent ni pour voyager ni pour combattre : ils les font paître lorsqu'il y a de l'herbe ; et lorsque l'herbe manque, ils ne les nourrissent que de dattes et de lait de chameau : ce qui les rend nerveux, légers et maigres. Ils tendent des pièges aux chevaux sauvages ; ils en mangent la chair, et disent que celle des jeunes est fort délicate. Ces chevaux sauvages sont plus petits que les autres ; ils sont communément de couleur cendrée, quoiqu'il y en ait aussi de blancs, et ils ont le crin et le poil de la queue fort court et hérissé. D'autres voyageurs nous ont donné sur les chevaux arabes des relations curieuses, dont nous ne rapporterons ici que les principaux faits.

Il n'y a point d'Arabe, quelque misérable qu'il soit, qui n'ait des chevaux. Ils montent ordinairement les juments, l'expérience leur ayant appris qu'elles résistent mieux que les chevaux à la fatigue, à la faim et à la soif ; elles sont aussi moins vicieuses, plus douces, et hennissent moins fréquemment que les chevaux ; ils les accoutument si bien à être ensemble, qu'elles demeurent en grand nombre, quelquefois des jours entiers, abandonnées à elles-mêmes, sans se frapper les unes les autres, et sans se faire aucun mal. Les Turcs, au contraire, n'aiment point les juments ; et les Arabes leur vendent les chevaux qu'ils ne veulent pas garder pour étalons. Ils conservent avec grand soin, et depuis très longtemps, les races de leurs chevaux ; ils en connaissent les générations, les alliances, et toute la généalogie.

La race de ces chevaux s'est étendue en Barbarie, chez les Maures, et même chez les nègres de la rivière de Gambie et du Sénégal. Les seigneurs du pays en ont quelques-uns qui sont d'une grande beauté. Au lieu d'orge ou d'avoine, on leur donne du maïs concassé ou réduit en farine, qu'on mêle avec du lait lorsqu'on veut les engraisser ; et dans ce climat si chaud on ne les laisse boire que rarement. D'un autre côté, les chevaux arabes ont peuplé l'Égypte, la Turquie, et peut-être la Perse, où il y avait autrefois des haras très considérables.

Tous les chevaux du Levant ont, comme ceux de Perse et d'Arabie, la corne fort dure : on les ferre cependant, mais avec des fers minces, légers et qu'on peut clouer partout. En Turquie, en Perse et en Arabie, on a aussi les mêmes usages pour les soigner, les nourrir, et leur faire de la litière de leur fumier, qu'on fait auparavant sécher au soleil pour ôter l'odeur, et ensuite on le réduit en poudre et on en fait une couche, dans l'écurie ou dans la tente, d'environ quatre ou cinq pouces d'épaisseur.

Il y a en Turquie des chevaux arabes, des chevaux tartares, les chevaux hongrois, et des chevaux de race du pays. Ceux-ci sont beaux et très fins ; ils ont beaucoup de feu, de vitesse, et même d'agrément ; mais ils sont trop délicats : ils ne peuvent supporter la fatigue, ils mangent peu, ils s'échauffent aisément, et ont la peau si sensible, qu'ils ne peuvent supporter le frottement de l'étrille ; on se contente de les frotter avec l'époussette et de les laver. Ces chevaux, quoique beaux, sont, comme l'on voit, fort au-dessous des arabes ; ils sont même au-dessous des chevaux de Perse, qui sont, après les arabes, les plus beaux et les meilleurs chevaux de l'Orient. Les pâturages des plaines de Médie, de Persé-

polis, d'Ardebil, de Derbent, sont admirables, et on y élève,
par les ordres du gouvernement, une prodigieuse quantité de chevaux, dont la plupart sont très beaux, et presque tous excellents.
Communément ils sont de taille médiocre; il y en a même de fort
petits, qui n'en sont pas moins bons ni moins forts ; mais il s'en
trouve aussi beaucoup de bonne taille, et plus grands que les chevaux de selle anglais. Ils ont tous la tête légère, l'encolure fine, le
poitrail étroit, les oreilles bien faites et bien placées, les jambes
menues, la croupe belle et la corne dure ; ils sont dociles, vifs,
légers, hardis, courageux, et capables de supporter une grande fatigue ; ils courent d'une très grande vitesse, sans jamais s'abattre ni
s'affaisser : ils sont robustes et très aisés à nourrir ; on ne leur
donne que de l'orge mêlée avec de la paille hachée menu, dans un
sac qu'on leur passe à la tête, et on ne les met au vert que pendant
six semaines au printemps. On leur laisse la queue longue ; on
leur donne des couvertures pour les défendre des injures de l'air ;
on les soigne avec une attention particulière ; on les conduit avec
un simple bridon et sans éperon, et on en transporte une très
grande quantité en Turquie, et surtout aux Indes. Les voyageurs,
qui font tous l'éloge des chevaux de Perse, s'accordent cependant
à dire que les chevaux arabes sont encore supérieurs pour l'agilité,
le courage et la force, et même la beauté, et qu'ils sont beaucoup
plus recherchés en Perse même que les plus beaux chevaux du pays.

Les chevaux qui naissent aux Indes ne sont pas bons ; ceux dont
se servent les grands du pays y sont transportés de Perse et d'Arabie. On leur donne un peu de foin le jour, et le soir on leur fait

cuire des pois avec du sucre et du beurre, au lieu d'avoine ou d'orge. Cette nourriture les soutient et leur donne un peu de force ; sans cela ils dépériraient en très peu de temps, le climat leur étant contraire. Les chevaux naturels du pays sont en général fort petits ; il y en a même de si petits, que l'on rapporte que le jeune prince du Mogol, âgé de sept ou huit ans, montait ordinairement un petit cheval très bien fait, dont la taille n'excédait pas celle d'un grand lévrier. Il semble que les climats excessivement chauds soient contraires aux chevaux : ceux de la côte d'Or, de celle de Juda, de Guinée, etc., sont, comme ceux des Indes, fort mauvais ; ils portent la tête et le cou fort bas ; leur marche est si chancelante, qu'on les croit toujours prêts à tomber : ils ne se remueraient pas si on ne les frappait continuellement ; et la plupart sont si bas, que les pieds de ceux qui les montent touchent presque à terre. Ils sont de plus fort indociles, et propres seulement à servir de nourriture aux nègres, qui en aiment la chair autant que celle des chiens. Ce goût pour la chair du cheval est donc commun aux nègres et aux Arabes ; il se retrouve en Tartarie, et même à la Chine. Les chevaux chinois ne valent pas mieux que ceux des Indes : ils sont faibles, lâches, mal faits, et fort petits ; ceux de la Corée n'ont que trois pieds de hauteur. En Chine, presque tous les chevaux sont si timides, qu'on ne peut s'en servir à la guerre : aussi peut-on dire que ce sont les chevaux tartares qui ont fait la conquête de la Chine. Ces chevaux sont très propres pour la guerre, quoique communément ils ne soient que de taille médiocre : ils sont forts, vigoureux, fiers, ardents, légers, et grands coureurs. Ils

ont la corne du pied fort dure, mais trop étroite ; la tête fort légère,
mais trop petite ; l'encolure longue et roide ; les jambes trop hautes : avec tous ces défauts ils peuvent passer pour de très bons
chevaux ; ils sont infatigables, et courent d'une vitesse extrême.
Les Tartares vivent avec leurs chevaux à peu près comme les Arabes ; ils les font monter dès l'âge de sept ou huit mois par de jeunes enfants, qui les promènent et les font courir à petites reprises ;
ils les dressent ainsi peu à peu, et leur font souffrir de grandes diètes;
mais ils ne les montent pour aller en course que quand ils
ont six ou sept ans ; ils leur font supporter alors des fatigues incroya-
bles, comme de marcher deux ou trois jours sans s'arrêter, d'en
passer quatre ou cinq sans autre nourriture qu'une poignée d'herbe
de huit heures en huit heures, et d'être en même temps vingt-quatre heures sans boire, etc. Ces chevaux, qui paraissent et qui en
effet sont si robustes dans leur pays, dépérissent dès qu'on les
transporte en Chine et aux Indes ; mais ils réussissent assez en
Perse et en Turquie. Les petits Tartares ont aussi une race de petits chevaux, dont ils font tant de cas, qu'ils ne se permettent jamais
de les vendre à des étrangers. Ces chevaux ont toutes les bonnes et
mauvaises qualités de ceux de la grande **Tartarie** : ce qui prouve
combien les mêmes mœurs et la même éducation donnent le même
naturel et la même habitude à ces animaux. Il y a aussi en Circas-
sie et en Mingrélie beaucoup de chevaux qui sont même plus beaux
que les chevaux tartares. On trouve encore d'assez beaux chevaux
en Ukraine, en Valachie, en Pologne, en Suède.

Il résulte de tous ces faits que les chevaux arabes ont été de tout temps et sont encore les premiers chevaux du monde, tant pour la beauté que pour la bonté ; que c'est d'eux que l'on tire, soit immédiatement, soit médiatement par le moyen des barbes, les plus beaux chevaux qui soient en Europe, en Afrique et en Asie ; que le climat de l'Arabie est peut-être le climat des chevaux, et le meilleur de tous les climats, puisqu'au lieu d'y croiser les races par des races étrangères, on a grand soin de les conserver dans toute leur pureté ; que si ce climat n'est pas par lui-même le meilleur climat pour les chevaux, les Arabes l'ont rendu tel par les soins particuliers qu'ils ont pris dans tous les temps d'ennoblir les races, en ne mettant ensemble que les individus les mieux faits et de la première qualité ; que par cette attention, suivie pendant des siècles, ils ont pu perfectionner l'espèce au delà de ce que la nature aurait fait dans le meilleur climat. On peut encore en conclure que les climats plus chauds que froids, et surtout les pays secs, sont ceux qui conviennent le mieux à la nature de ces animaux ; qu'en général les petits chevaux sont meilleurs que les grands ; que le soin leur est aussi nécessaire à tous que la nourriture ; qu'avec de la familiarité et des caresses on en tire beaucoup plus que par la force et les châtiments ; que les chevaux des pays chauds ont les os, la corne, les muscles plus durs que ceux de nos climats ; que, quoique la chaleur convienne mieux que le froid à ces animaux, cependant le chaud excessif ne leur convient pas ; que le grand froid leur est contraire ; qu'enfin leur habitude et leur naturel dépendent presque en entier du climat, de la nourriture, des soins et de l'éducation.

L'ANE

A considérer cet animal, même avec des yeux attentifs et dans un assez grand détail, il paraît n'être qu'un cheval dégénéré : la parfaite similitude de conformation dans le cerveau, les poumons, l'estomac, le conduit intestinal, le cœur, le foie, les autres viscères, et la grande ressemblance du corps, des jambes, des pieds et du squelette en entier, semblent fonder cette opinion. L'on pourrait attribuer les légères différences qui se trouvent entre ces deux animaux à l'influence très ancienne du climat, de la nourriture, et à la succession fortuite de plusieurs générations de petits chevaux sauvages à demi dégénérés, qui peu à peu auraient encore dégénéré davantage, se seraient ensuite dégradés autant qu'il est possible, et auraient à la fin produit à nos yeux une espèce nouvelle et constante, ou plutôt une succession d'individus semblables, tous constamment viciés de la même façon, et assez différents des chevaux pour pouvoir être regardés comme formant une autre espèce. Ce qui paraît favoriser cette idée, c'est que les chevaux varient beaucoup plus que les ânes par la couleur de leur poil, qu'ils sont par conséquent plus anciennement domestiques, puisque tous les animaux domestiques varient par la couleur beaucoup plus que les animaux sauvages de la même espèce ; que la plupart des chevaux sauvages dont parlent les voyageurs sont de petite taille, et ont, comme les ânes, le poil gris, la queue nue, hérissée à l'extrémité, et qu'il y a des chevaux sauvages, et même des chevaux domestiques, qui ont la raie noire sur le dos, et d'autres caractères qui les rapprochent encore des ânes sauvages et domestiques. D'autre côté, si l'on considère la différence du tempérament, du naturel, des mœurs, du résultat, en un mot, de l'organisation de ces deux animaux, et surtout l'impossibilité de les mêler pour en faire une espèce commune, ou même une espèce intermédiaire qui puisse se renouveler, on paraît encore mieux fondé à croire que ces deux animaux sont chacun d'une espèce aussi ancienne l'une que l'autre, et originairement aussi essentiellement différentes qu'elles le sont aujourd'hui ; d'autant plus que l'âne ne laisse pas de différer matériellement du cheval par la petitesse de la taille, la grosseur de la tête, la longueur des oreilles, la dureté de la peau, la nudité de la queue, la forme de la croupe, par la voix , l'appétit et la manière de boire.

L'âne a, comme tous les autres animaux, sa famille, son espèce et son rang ; son sang est pur ; et quoique sa noblesse soit moins illustre, elle est tout aussi bonne, tout aussi ancienne que celle du cheval. Pourquoi donc tant de mépris pour cet animal si bon, si patient, si sobre, si utile ? Les hommes mépriseraient-ils jusque dans les animaux ceux qui les servent trop bien et à peu de frais ? On donne au cheval de l'éducation, on le soigne, on l'instruit, on l'exerce, tandis que l'âne, abandonné à la grossièreté du dernier des valets, ou à la malice des

Les Ânes.

enfants, bien loin d'acquérir, ne peut que perdre par son éducation; et
s'il n'avait pas un grand fond de bonnes qualités, il les perdrait en effet
par la manière dont on le traite : il est le jouet et le plastron des rus-
tres, qui le conduisent le bâton à la main, qui le frappent, le surchar-
gent, l'excèdent sans précautions, sans ménagement. On ne fait pas
attention que l'âne serait par lui-même, et pour nous, le premier, le plus
beau, le mieux fait, le plus distingué des animaux, si dans le monde
il n'y avait pas de cheval. Il est le second au lieu d'être le premier,
et par cela seul il semble n'être plus rien. C'est la comparaison qui
le dégrade, on le regarde, on le juge, non pas en lui-même, mais
relativement au cheval : on oublie qu'il est âne, qu'il a toutes les
qualités de sa nature, tous les dons attachés à son espèce ; et on ne
pense qu'à la figure et aux qualités du cheval, qui lui manquent, et
qu'il ne doit pas avoir.

Il est de son naturel aussi humble, aussi patient, aussi tranquille,
que le cheval est fier, ardent, impétueux ; il souffre avec constance, et peut-être avec courage, les châtiments et les coups. Il est
sobre et sur la quantité et sur la qualité de la nourriture : il se contente des herbes les plus dures et les plus désagréables, que le cheval et les autres animaux lui laissent et dédaignent. Il est fort délicat sur l'eau ; il ne veut boire que de la plus claire, et aux ruisseaux
qui lui sont connus. Il boit aussi sobrement qu'il mange, et n'enfonce point du tout son nez dans l'eau, par la peur que lui fait, dit-
on, l'ombre de ses oreilles. Comme l'on ne prend pas la peine de
l'étriller, il se roule souvent sur le gazon, sur les chardons, sur la
fougère ; et, sans se soucier beaucoup de ce qu'on lui fait porter, il

se couche pour se rouler toutes les fois qu'il le peut. et semble par
là reprocher à son maître le peu de soin qu'on prend de lui; car il
ne se vautre pas, comme le cheval, dans la fange et dans l'eau ; il
craint même de se mouiller les pieds, et se détourne pour éviter la
boue : aussi a-t-il la jambe plus sèche et plus nette que le cheval. Il
est susceptible d'éducation, et l'on en a vu d'assez bien dressés pour
faire curiosité de spectacle.

Dans la première jeunesse, il est gai, et même assez joli : il a de
la légèreté et de la gentillesse; mais il la perd bientôt, soit par l'âge,
soit par les mauvais traitements, et il devient lent, indocile et têtu :
il a pour sa progéniture le plus fort attachement. Pline nous assure
que lorsqu'on sépare la mère de son petit, elle passe à travers les
flammes pour aller le rejoindre. Il s'attache aussi à son maître, quoiqu'il en soit ordinairement maltraité : il le sent de loin, et le distingue de tous les autres hommes. Il reconnaît aussi les lieux qu'il a
coutume d'habiter, les chemins qu'il a fréquentés. Il a les yeux
bons, l'oreille excellente, ce qui a encore contribué à le faire mettre
au rang des animaux timides, qui ont tous, à ce qu'on prétend, l'ouïe
très fine et les oreilles longues. Lorsqu'on le surcharge, il le marque en inclinant la tête et baissant les oreilles. Lorsqu'on le tourmente trop, il ouvre la bouche, et retire les lèvres d'une manière
très désagréable : ce qui lui donne l'air moqueur et dérisoire. Si
on lui couvre les yeux, il reste immobile ; et lorsqu'il est couché
sur le côté, si on lui place la tête de manière que l'œil soit appuyé
sur la terre, et qu'on couvre l'autre œil avec une pierre ou un morceau de bois, il restera dans cette situation sans faire aucun mouve-

ment et sans se secouer pour se relever. Il marche , il trotte et il galope comme le cheval ; mais tous ces mouvements sont petits , et beaucoup plus lents. Quoiqu'il puisse d'abord courir avec assez de vitesse, il ne peut fournir qu'une petite carrière pendant un petit espace de temps ; et quelque allure qu'il prenne, si on le presse, il est bientôt rendu.

Le cheval hennit, et l'âne brait : ce qui se fait par un grand cri très long, très désagréable, et discordant par dissonances alternatives de l'aigu au grave et du grave à l'aigu. Ordinairement il ne crie que lorsqu'il est pressé d'appétit. L'ânesse a la voix plus claire et plus perçante.

L'âne, qui, comme le cheval, est trois ou quatre ans à croître, vit aussi comme lui vingt-cinq ou trente ans : on prétend seulement que les femelles vivent ordinairement plus longtemps que les mâles.

Ils dorment moins que les chevaux, et ne se couchent pour dormir que quand ils sont excédés.

Il y a parmi les ânes différentes races, comme parmi les chevaux, mais que l'on connaît moins parce qu'on ne les a ni soignés ni suivis avec la même attention ; seulement on ne peut guère douter que tous ne soient originaires des climats chauds. Aristote assure qu'il n'y en avait point de son temps en Scythie, ni dans les autres pays septentrionaux qui avoisinent la Scythie, ni même dans les Gaules , dont le climat, dit-il, ne laisse pas d'être froid ; il ajoute que le climat froid, ou les empêche de produire, ou les fait dégénérer ; et c'est par cette dernière raison que dans l'Illyrie, la Thrace et l'É-

pire, ils sont petits et faibles : ils sont encore tels en France , quoiqu'ils y soient déjà assez anciennement naturalisés, et que le froid
du climat soit bien diminué depuis deux mille ans, par la quantité
de forêts abattues et de marais desséchés. Mais ce qui paraît encore
plus certain, c'est qu'ils sont nouveaux pour la Suède et pour les
autres pays du Nord. Ils paraissent être venus originairement d'A-
rabie, et avoir passé d'Arabie en Égypte, d'Égypte en Grèce, de
Grèce en Italie, d'Italie en France, et ensuite en Allemagne, en Angleterre, et enfin en Suède, etc. ; car ils sont en effet d'autant moins
forts et d'autant plus petits que les climats sont plus froids.

Cette migration paraît assez bien prouvée par le rapport des
voyageurs. Chardin dit « qu'il y a deux sortes d'ânes en Perse : les
« ânes du pays, qui sont lents et pesants, et dont on ne se sert que
« pour porter des fardeaux ; et une race d'ânes d'Arabie, qui sont de
« fort jolies bêtes, et les premiers ânes du monde : ils ont le poil
« poli, la tête haute, les pieds légers ; ils les lèvent avec action,
« marchant bien ; et l'on ne s'en sert que pour montures. Les
« selles qu'on leur met sont comme des bâts ronds, et plats par-des-
« sus ; elles sont de drap ou de tapisserie, avec les harnais et les
« étriers ; on s'assied dessus plus vers la croupe que vers le cou. Il
« y a de ces ânes qu'on achète jusqu'à quatre cents livres, et l'on
« n'en saurait avoir à moins de vingt-cinq pistoles. On les panse
« comme les chevaux ; mais on ne leur apprend autre chose qu'à
« aller l'amble (1); et l'art de les y dresser est de leur attacher les

(1) L'amble est l'allure particulière aux animaux qui avancent les deux
jambes du même côté.

« jambes, celles de devant et celles de derrière du même côté, par
« deux cordes de coton, qu'on fait de la mesure du pas de l'âne
« qui va l'amble, et qu'on suspend par une autre corde passée dans
« la sangle à l'endroit de l'étrier. Des espèces d'écuyers les mon-
« tent soir et matin, et les exercent à cette allure. On leur fend les
« naseaux, afin de leur donner plus d'haleine ; et ils vont si vite,
« qu'il faut galoper pour les suivre. »

Les Arabes, qui sont dans l'habitude de conserver avec tant de
soin et depuis si longtemps les races de leurs chevaux, prendraient-
ils la même peine pour les ânes ? ou plutôt ceci ne semble-t-il pas
prouver que le climat d'Arabie est le premier et le meilleur climat
pour les uns et pour les autres ? De là ils ont passé en Barbarie, en
Égypte, où ils sont beaux et de grande taille, aussi bien que dans
les climats excessivement chauds, comme aux Indes et en Guinée,
où ils sont plus grands, plus forts et meilleurs que les chevaux du
pays ; ils sont même en grand honneur à Maduré, où l'une des plus
considérables et des plus nobles tribus des Indes les révère particulièrement, parce qu'ils croient que les âmes de toute la noblesse
passent dans le corps des ânes. Enfin l'on trouve les ânes en plus
grande quantité que les chevaux dans tous les pays méridionaux,
depuis le Sénégal jusqu'à la Chine : on y trouve aussi des ânes sauvages plus communément que des chevaux sauvages. Les Latins,
d'après les Grecs, ont appelé l'âne sauvage *onager*, onagre, qu'il ne
faut pas confondre, comme l'ont fait quelques naturalistes et plusieurs voyageurs, avec le zèbre, parce que le zèbre est un animal
d'une espèce différente de celle de l'âne. L'onagre, ou l'âne sauvage,

n'est point rayé comme le zèbre, et il n'est pas, à beaucoup près, d'une figure aussi élégante. On trouve des ânes sauvages dans quelques îles de l'Archipel, et particulièrement dans celle de Cérigo. Il y en a beaucoup dans les déserts de Libye et de Numidie ; ils sont gris, et courent si vite qu'il n'y a que les chevaux barbes qui puissent les atteindre à la course. Lorsqu'ils voient un homme, ils jettent un cri, font une ruade, s'arrêtent, et ne fuient que lorsqu'on les approche. On les prend dans des pièges et dans des lacs de corde. Ils vont par troupes pâturer et boire. On en mange la chair.

On n'a point trouvé d'ânes en Amérique, non plus que de chevaux, quoique le climat, surtout celui de l'Amérique méridionale, leur convienne autant qu'aucun autre. Ceux que les Espagnols y ont transportés d'Europe, et qu'ils ont abandonnés dans les grandes îles et dans le continent, y ont beaucoup multiplié ; et l'on y trouve en plusieurs endroits des ânes sauvages qui vont par troupes, et que l'on prend dans des pièges comme les chevaux sauvages.

Comme les ânes sauvages sont inconnus dans ces climats, nous ne pouvons pas dire si leur chair est en effet bonne à manger : mais ce qu'il y a de sûr, c'est que celle des ânes domestiques est très mauvaise, plus dure, plus désagréablement insipide que celle du cheval ; on dit même que c'est un aliment pernicieux, et qui donne des maladies. Le lait d'ânesse, au contraire, est un remède éprouvé et spécifique pour certains maux, et l'usage de ce remède s'est conservé depuis les Grecs jusqu'à nous. Pour l'avoir de bonne qualité, il faut choisir une ânesse jeune, saine, bien en chair : il faut lui ôter l'ânon qu'elle allaite, la tenir propre, la bien nourrir de foin, d'avoine, d'orge et d'herbe dont les qualités salutaires puissent influer sur la maladie ; avoir attention de ne pas laisser refroidir le lait, et même ne le pas exposer à l'air, ce qui le gâterait en peu de temps.

Les anciens attribuaient aussi beaucoup de vertus médicinales au sang, de l'âne ; et beaucoup d'autres qualités spécifiques à la cervelle, au cœur, au foie, etc., de cet animal ; mais l'expérience a détruit, ou du moins n'a pas confirmé ce qu'ils nous en disent.

Comme la peau de l'âne est très dure et très élastique, on l'emploie utilement à différents usages : on en fait des cribles, des tambours, et de très bons souliers ; on en fait du gros parchemin pour les tablettes de poche, que l'on enduit d'une couche légère de plâtre. C'est aussi avec le cuir de l'âne que les Orientaux font le sagri que nous appelons *chagrin*. Il y a apparence que les os, comme la peau de cet animal, sont aussi plus durs que les os des autres animaux, puisque les anciens en faisaient des flûtes, et qu'ils les trouvaient plus sonnantes que tous les autres os.

L'âne est peut-être de tous les animaux celui qui, relativement à son volume, peut porter les plus grands poids ; et comme il ne coûte presque rien à nourrir, et qu'il ne demande, pour ainsi dire, aucun soin, il est d'une grande utilité à la campagne, au moulin, etc. Il peut aussi servir de monture : toutes ses allures sont douces, et il bronche moins que le cheval. On le met souvent à la charrue, dans les pays où le terrain est léger ; et son fumier est un excellent engrais pour les terres fortes et humides.

LE BŒUF

Après l'homme, les animaux qui ne vivent que de chair sont les plus grands destructeurs ; ils sont en même temps et les ennemis de la nature et les rivaux de l'homme : ce n'est que par une attention toujours nouvelle, et par des soins prémédités et suivis, qu'il peut conserver ses troupeaux, ses volailles, etc., en les mettant à l'abri de la serre de l'oiseau de proie, et de la dent carnassière du loup, du renard, de la fouine, de la belette ; ce n'est que par une guerre continuelle qu'il peut défendre son grain, ses fruits, toute sa subsistance, et même ses vêtements, contre la voracité des rats, des chenilles, des scarabées, et des mites ; car les insectes sont aussi de ces bêtes qui dans le monde font plus de mal que de bien ; au lieu que le bœuf, le mouton et les autres animaux qui paissent l'herbe, non seulement sont les meilleurs, les plus utiles, les plus précieux pour l'homme, puisqu'ils le nourrissent, mais sont encore ceux qui consomment et dépensent le moins. Le bœuf surtout est à cet égard l'animal par excellence ; car il rend à la terre tout autant qu'il en tire, et même il améliore le fonds sur lequel il vit : il engraisse son pâturage, au lieu que le cheval et la plu-

part des autres animaux amaigrissent en peu d'années les meil-
leures prairies.

Mais ce ne sont pas là les seuls avantages que le bétail procure à
l'homme : sans le bœuf, les pauvres et les riches auraient beaucoup
de peine à vivre ; la terre demeurerait inculte ; les champs, et même
les jardins, seraient secs et stériles : c'est sur lui que roulent
tous les travaux de la campagne ; il est le domestique le plus utile
de la ferme, le soutien du ménage champêtre ; il fait toute la force
de l'agriculture. Autrefois il faisait toute la richesse des hommes ;
et aujourd'hui il est encore la base de l'opulence des États, qui ne
peuvent se soutenir et fleurir que par la culture des terres et par
l'abondance du bétail, puisque ce sont les seuls biens réels, tous les
autres, et même l'or et l'argent, n'étant que des biens arbitraires,
des représentations, des monnaies de crédit, qui n'ont de valeur
qu'autant que le produit de la terre leur en donne.

Le bœuf ne convient pas autant que le cheval, l'âne, le chameau,
pour porter des fardeaux ; la forme de son dos et de ses reins
le démontre ; mais la grosseur de son cou et la largeur de ses épaules indiquent assez qu'il est propre à tirer et à porter le joug : c'est
aussi de cette manière qu'il tire le plus avantageusement ; et il est
singulier que cet usage ne soit pas général, et que dans des provinces entières on l'oblige à tirer par les cornes : la seule raison
qu'on ait pu m'en donner, c'est que quand il est attelé par les cornes, on le conduit plus aisément ; il a la tête très forte, et il ne
laisse pas de tirer assez bien de cette façon, mais avec beaucoup
moins d'avantage que quand il tire par les épaules. Il semble avoir

était fait pour la charrue; la masse
de son corps, la lenteur de ses
mouvements, le peu de hauteur de
ses jambes, tout, jusqu'à sa tranquillité et sa patience dans le travail, semble concourir à le
rendre propre à la culture des
champs, et plus capable
qu'aucun autre

de vaincre la résistance constante et toujours nouvelle que la terre oppose à ses efforts. Le cheval, quoique peut-être aussi fort que le bœuf, est moins propre à cet ouvrage : il est trop élevé sur ses jambes ; ses mouvements sont trop grands, trop brusques ; et d'ailleurs il s'impatiente et se rebute trop aisément ; on lui ôte même toute la légèreté, toute la souplesse de ses mouvements, toute la grâce de son attitude et de sa démarche, lorsqu'on le réduit à ce travail pesant, pour lequel il faut plus de constance que d'ardeur, plus de masse que de vitesse, et plus de poids que de ressort.

Dans les espèces d'animaux dont l'homme a fait des troupeaux, la femelle est plus nécessaire, plus utile que le mâle. Le produit de la vache est un bien qui croît et qui se renouvelle à chaque instant : la chair du veau est une nourriture aussi abondante que saine et délicate ; le lait est l'aliment des enfants ; le beurre l'assaisonnement, de la plupart de nos mets ; le fromage, la nourriture la plus ordinaire des habitants de la campagne. Que de pauvres familles sont aujourd'hui réduites à vivre de leur vache ! Ces mêmes hommes qui tous les jours, et du matin au soir, gémissent dans le travail et sont courbés sur la charrue, ne tirent de la terre que du pain noir, et sont obligés de céder à d'autres la fleur, la substance de leur grain ; c'est par eux et ce n'est pas pour eux que les moissons sont abondantes. Ces mêmes hommes qui élèvent, qui multiplient le bétail, qui le soignent et s'en occupent perpétuellement, n'osent jouir du fruit de leurs travaux ; la chair de ce bétail est une nourriture dont ils sont forcés de s'interdire l'usage , réduits, par la nécessité de leur condition ; c'est-à-dire par la dureté des autres hommes, à vivre, comme les chevaux, d'orge et d'avoine, ou de légumes grossiers et de lait aigre.

On peut aussi faire servir la vache à la charrue ; et quoiqu'elle ne soit pas aussi forte que le bœuf, elle ne laisse pas de le remplacer souvent. Mais lorsqu'on veut l'employer à cet usage, il faut avoir attention de l'assortir, autant qu'on le peut, avec un bœuf de sa taille et de sa force, ou avec une autre vache, afin de conserver l'égalité du trait, et de maintenir le soc en équilibre entre ces deux puissances : moins elles sont inégales, et plus le labour de la terre en est régulier. Au reste, on emploie souvent six et jusqu'à huit bœufs dans les terrains fermes, et surtout dans les friches, qui se lèvent par grosses mottes et par quartiers ; au lieu que deux vaches suffisent pour labourer les terrains meubles et sablonneux. On peut aussi, dans ces terrains légers, pousser à chaque fois le sillon beaucoup plus loin que dans les terrains forts. Les anciens avaient borné à une longueur de cent vingt pas la plus grande étendue du sillon que le bœuf devait tracer par une continuité non interrompue d'efforts et de mouvements ; après quoi, disaient-ils, il faut cesser de l'exciter, et le laisser reprendre haleine pendant quelques moments, avant que de poursuivre le même sillon ou d'en commencer un autre. Mais les anciens faisaient leurs délices de l'étude de l'agriculture, et mettaient leur gloire à labourer eux-mêmes, ou du moins à favoriser le labour, à épargner la peine du cultivateur et du bœuf ; et parmi nous, ceux qui jouissent le plus des biens de cette terre sont ceux qui savent le moins estimer, encourager, soutenir l'art de la cultiver.

Les animaux les plus pesants et les plus paresseux ne sont pas ceux qui dorment le plus profondément ni le plus longtemps. Le

bœuf dort, mais d'un sommeil court et léger ; il se réveille au moindre bruit. Il se couche ordinairement sur le côté gauche, et le rein
ou le rognon de ce côté gauche est toujours plus gros et plus chargé
de graisse que le rognon du côté droit.

Les bœufs, comme les autres animaux domestiques, varient par la
couleur ; cependant le poil roux paraît être le plus commun ; et plus
il est rouge, plus il est estimé. On fait cas aussi du poil noir, et on
prétend que les bœufs sous poil bai durent longtemps, que les bruns
durent moins et se rebutent de bonne heure ; que les gris, les pom-
melés et les blancs ne valent rien pour le travail, et ne sont propres qu'à être engraissés. Mais, de quelque couleur que soit le poil
du bœuf, il doit être luisant, épais, et doux au toucher ; car s'il est
rude, mal uni ou dégarni, on a raison de supposer que l'animal souffre, ou du moins qu'il n'est pas d'un fort tempérament. Un bon bœuf
pour la charrue ne doit être ni trop gras ni trop maigre ; il doit
avoir la tête courte et ramassée, les oreilles grandes, bien velues et bien
unies, les cornes fortes, luisantes et de moyenne grandeur, le front
large, les yeux gros et noirs, le mufle gros et camus, les naseaux bien
ouverts, les dents blanches et égales, les lèvres noires, le cou charnu,
les épaules grosses et pesantes, la poitrine large, le *fanon*, c'est-à-dire
la peau du devant, pendante jusque sur les genoux, les reins fort
larges, le ventre spacieux et tombant, les flancs grands, les hanches longues, la croupe épaisse, les jambes et les cuisses grosses et
nerveuses, le dos droit et plein, la queue pendante jusqu'à terre et
garnie de poils touffus et fins, les pieds fermes, le cuir grossier et
maniable, les muscles élevés, et l'ongle court et large. Il faut aussi

qu'il soit sensible à l'aiguillon, obéissant à la voix et bien dressé. Mais ce n'est que peu à peu, et en s'y prenant de bonne heure, qu'on peut accoutumer le bœuf à porter le joug volontiers et à se laisser conduire aisément. Dès l'âge de deux ans et demi, ou trois ans au plus tard, il faut commencer à l'apprivoiser et à le subjuguer ; si l'on attend plus tard, il devient indocile, et souvent indomptable : la patience, la douceur, et même les caresses, sont les seuls moyens qu'il faut employer ; la force et les mauvais traitements ne serviraient qu'à le rebuter pour toujours. Il faut donc lui frotter le corps , le caresser, lui donner de temps en temps de l'orge bouillie, des fèves concassées, et d'autres nourritures de cette espèce, dont il est le plus friand, et toutes mêlées de sel, qu'il aime beaucoup. En même temps on lui liera souvent les cornes ; quelques jours après, on le mettra au joug, et on lui fera traîner la charrue avec un autre bœuf de la même taille et qui sera tout dressé ; on aura soin de les attacher ensemble à la mangeoire, de les mener de même au pâturage , afin qu'ils se connaissent et s'habituent à n'avoir que des mouvements communs ; et l'on n'emploiera jamais l'aiguillon dans les commencements, il ne servirait qu'à le rendre plus intraitable. Il faudrait aussi le ménager, et ne le faire travailler qu'à petites reprises , car il se fatigue beaucoup tant qu'il n'est pas tout à fait dressé ; et, par la même raison, on le nourrira plus largement alors que dans les autres temps.

Le bœuf ne doit servir que depuis trois ans jusqu'à dix : on fera bien de le retirer alors de la charrue, pour l'engraisser et le vendre ; la chair en sera meilleure que si l'on attendait plus longtemps. On reconnaît l'âge de cet animal par les dents et par les cornes : les premières dents du devant tombent à dix mois, et sont remplacées par d'autres qui ne sont pas si blanches et qui sont plus larges ; à seize mois les dents voisines de celles du milieu tombent et sont aussi remplacées par d'autres ; et à trois ans toutes les incisives sont renouvelées : elles sont alors égales, longues et assez blanches. A mesure que le bœuf avance en âge, elles s'usent et deviennent inégales et noires : c'est la même chose pour le taureau et pour la vache.

Le cheval mange nuit et jour, lentement mais presque continuellement ; le bœuf, au contraire, mange vite, et prend en assez peu de temps toute la nourriture qu'il lui faut, après quoi il cesse de manger et se couche pour ruminer : cette différence vient de la différente conformation de l'estomac de ces animaux. Le bœuf, dont les quatre estomacs ne forment qu'un même sac d'une très grande capacité, peut sans inconvénients prendre à la fois beaucoup d'herbe et le remplir en peu de temps, pour ruminer ensuite et digérer à loisir. Le cheval, qui n'a qu'un petit estomac, ne peut y recevoir qu'une petite quantité d'herbe, et le remplir successivement à mesure qu'elle s'affaisse et qu'elle passe dans les intestins, où se fait principalement la décomposition de la nourriture ; car, ayant observé dans le bœuf et dans le cheval le produit successif de la digestion, et surtout la décomposition du foin, nous voyons dans le bœuf qu'au sortir de la partie de la panse qui forme le second estomac, et qu'on appelle le *bonnet*, il est réduit en une espèce de pâte verte, semblable à des épinards hachés et bouillis ; que c'est sous cette forme qu'il est retenu et contenu dans les plis ou livret du troisième estomac,

Vaches allant aux champs, d'après Troyon (salon de 1859)

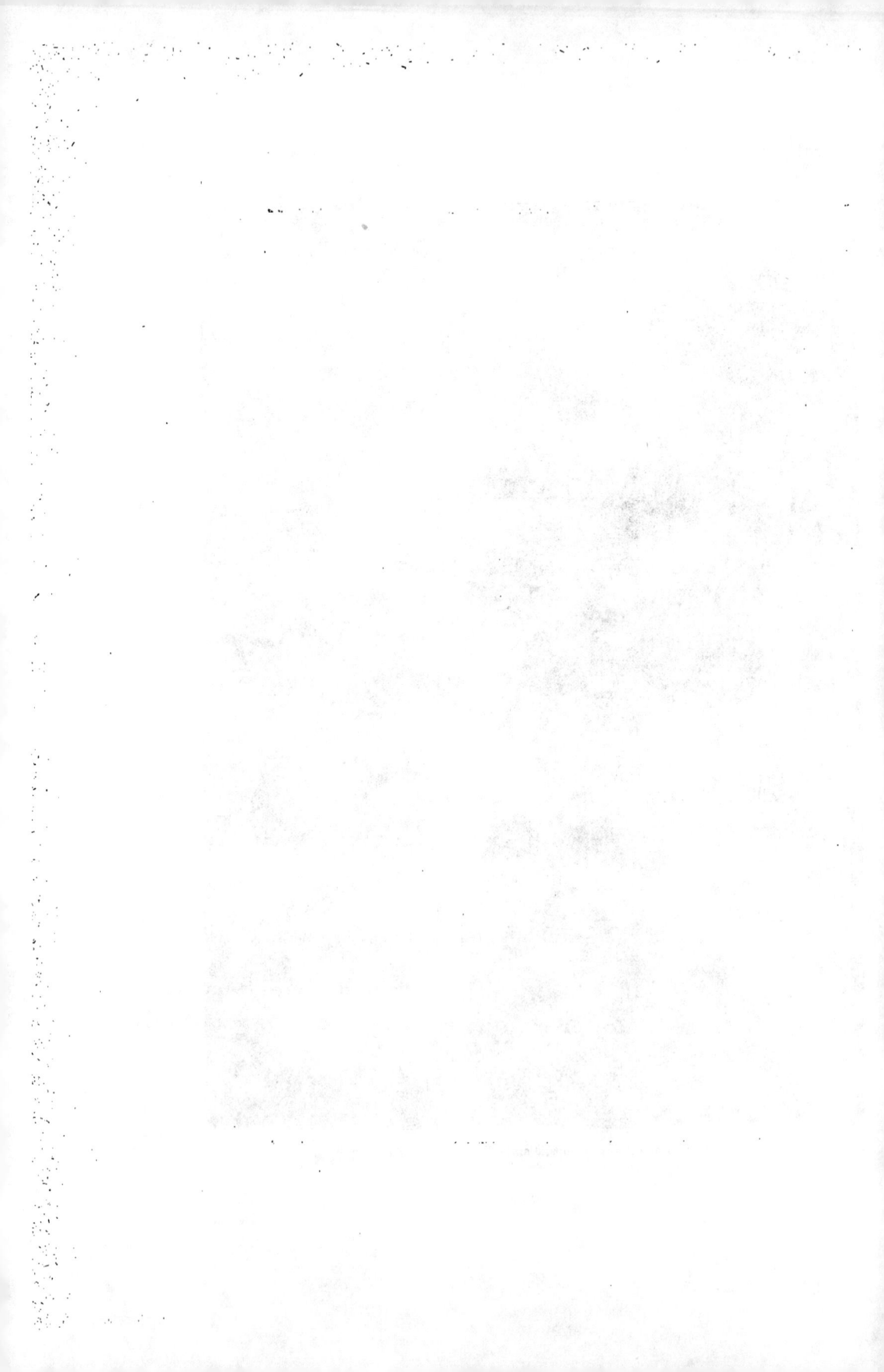

qu'on appelle le *feuillet* ; que la décomposition en est entière dans le quatrième estomac, qu'on appelle la *caillette* ; et que ce n'est pour ainsi dire que le marc qui passe dans les intestins : au lieu que dans le cheval le foin ne se décompose guère ni dans l'estomac , ni dans les premiers boyaux, où il devient seulement plus souple et plus flexible, comme ayant été macéré et pénétré de la liqueur active dont il est environné ; qu'il arrive au *cæcum* et au côlon sans grande altération ; que c'est principalement dans ces deux intestins, dont l'énorme capacité répond à celle de la panse des ruminants, que se fait dans le cheval la décomposition de la nourriture, et que cette décomposition n'est jamais aussi entière que celle qui se fait dans le quatrième estomac du bœuf.

On prétend que les bœufs qui mangent lentement résistent plus longtemps au travail que ceux qui mangent vite ; que les bœufs des pays élevés et secs sont plus vifs, plus vigoureux et plus sains que ceux des pays bas et humides ; que tous deviennent plus forts lors-qu'on les nourrit de foin sec que quand on ne le leur donne que de l'herbe molle ; qu'ils s'accoutument plus difficilement que les che-vaux au changement de climat, et que, par cette raison, l'on ne doit jamais acheter que dans son voisinage des bœufs pour le travail.

En hiver, comme les bœufs ne font rien, il suffira de les nourrir de paille et d'un peu de foin ; mais, dans le temps des ouvrages, on leur donnera beaucoup plus de foin que de paille, et même un peu de son ou d'avoine, avant de les faire travailler : l'été, si le foin manque, on leur donnera de l'herbe fraîchement coupée ou bien des jeunes pousses et des feuilles de frêne, d'orme et de chêne, mais

en petite quantité. La luzerne, le sainfoin, la vesce, soit en vert ou en
sec, les navets, l'orge bouillie, sont aussi de très bons aliments
pour les bœufs. Il n'est pas nécessaire de régler la quantité de leur
nourriture ; ils n'en prennent jamais plus qu'il ne leur en faut, et
l'on fera bien de leur en donner toujours assez pour qu'ils en laissent.
On ne les mettra au pâturage que vers le 15 mai : les premières
herbes sont trop crues, et quoiqu'ils les mangent avec avidité, elles
ne laissent pas de les incommoder. On les fera pâturer pendant tout
l'été, et, vers le 15 octobre, on les remettra au fourrage, en observant
de ne les pas faire passer brusquement du vert au sec et du sec au
vert, mais de les amener par degrés à ce changement de nourriture.

La grande chaleur incommode ces animaux, peut-être plus encore que le grand froid. Il faut pendant l'été les mener au travail
dès la pointe du jour, les ramener à l'étable, ou les laisser dans les
bois pâturer à l'ombre pendant la grande chaleur, et ne les remettre
à l'ouvrage qu'à trois ou quatre heures du soir. Au printemps, en
hiver et en automne, on pourra les faire travailler sans interruption depuis huit ou neuf heures du matin jusqu'à cinq ou six heures du soir. Ils ne demandent pas autant de soin que les chevaux ;
cependant, si on veut les entretenir sains et vigoureux, on ne peut
guère se dispenser de les étriller tous les jours, de les laver, et de
leur graisser la corne des pieds, etc. Il faut aussi les faire boire au
moins deux fois par jour : ils aiment l'eau nette et fraîche, au lieu que
le cheval l'aime trouble et tiède.

La nourriture et le soin sont à peu près les mêmes et pour la vache
et pour le bœuf ; cependant la vache à lait exige des attentions par-

ticulières, tant pour la bien choisir que pour la bien conduire. On
dit que les vaches noires sont celles qui donnent le meilleur lait, et
que les blanches sont celles qui en donnent le plus ; mais, de quelque
poil que soit la vache à lait, il faut qu'elle soit en bonne chair,
qu'elle ait l'œil vif, la démarche légère, qu'elle soit jeune, et que
son lait soit, s'il se peut, abondant et de bonne qualité : on la traira
deux fois par jour en été, et une fois seulement en hiver ; et si l'on
veut augmenter la quantité du lait, il n'y aura qu'à la nourrir avec
des aliments plus succulents que de l'herbe.

Le bon lait n'est ni trop épais ni trop clair ; sa consistance doit
être telle que lorsqu'on en prend une petite goutte, elle conserve sa
rondeur et sa couleur. Il doit être aussi d'un beau blanc ; celui qui
tire sur le jaune ou sur le bleu ne vaut rien. Sa saveur doit être douce
sans aucune amertume et sans âcreté ; il faut aussi qu'il soit de bonne
odeur ou sans odeur. Il est meilleur au mois de mai et pendant l'été
que pendant l'hiver, et il n'est parfaitement bon que quand la vache
est en bon âge et en bonne santé : le lait des jeunes génisses est trop
clair, celui des vieilles vaches est trop sec, et pendant l'hiver il est
trop épais. Ces différentes qualités du lait sont relatives à la quantité
plus ou moins grande des parties caséeuses et séreuses qui le composent. Le lait trop clair est celui qui abonde trop en parties
séreuses ; le lait trop épais est celui qui en manque ; et le lait trop
sec n'a pas assez de parties séreuses.

Les vaches et les bœufs aiment beaucoup le vin, le vinaigre, le
sel ; ils dévorent avec avidité une salade assaisonnée. En Espagne
et dans quelques autres pays, on met auprès du jeune veau à l'étable

une de ces pierres qu'on appelle salègres, et qu'on trouve dans les mines de sel gemme : il lèche cette pierre salée pendant tout le temps que sa mère est au pâturage : ce qui excite si fort l'appétit ou la soif, qu'au moment que la vache arrive, le jeune veau se jette à la mamelle, en tire avec avidité beaucoup de lait, s'engraisse et croît bien plus vite que ceux auxquels on ne donne point de sel. C'est par la même raison que quand les bœufs ou les vaches sont dégoûtés, on leur donne de l'herbe trempée dans du vinaigre ou saupoudrée d'un peu de sel : on peut leur en donner aussi lorsqu'ils se portent bien, et que l'on veut exciter leur appétit pour les engraisser en peu de temps. C'est ordinairement à l'âge de dix ans qu'on les met à l'engrais : si l'on attend plus tard, on est moins sûr de réussir, et leur chair n'est pas si bonne. On peut les engraisser en toute saison ; mais l'été est celle qu'on préfère, parce que l'engrais se fait à moins de frais, et qu'en commençant au mois de mai ou de juin, on est presque sûr de les voir gras avant la fin d'octobre. Dès qu'on voudra les engraisser, on cessera de les faire travailler ; on les fera boire beaucoup plus souvent ; on leur donnera des nourritures succulentes en abondance, quelquefois mêlées d'un peu de sel, et on les laissera ruminer à loisir et dormir à l'étable pendant les grandes chaleurs : en moins de quatre ou cinq mois ils deviendront si gras, qu'ils auront de la peine à marcher, et qu'on ne pourra les conduire loin qu'à très petites journées. Les vaches, et même les taureaux bistournés (1), peuvent s'engraisser aussi ; mais la chair de la vache est plus sèche, et celle

_____

(1) Qui ont les cornes tournées en sens contraire

Bœuf de Hongrie et vaches Écossaises.

du taureau bistourné est plus rouge et plus dure que la chair du bœuf, et elle a toujours un goût désagréable et fort.

Les animaux qui ont des dents incisives, comme le cheval et l'âne, aux deux mâchoires, broutent plus aisément l'herbe courte que ceux qui manquent de dents incisives à la mâchoire supérieure ; et si le mouton et la chèvre la coupent de très près, c'est parce qu'ils sont petits et que leurs lèvres sont minces ; mais le bœuf, dont les lèvres sont épaisses, ne peut brouter que l'herbe longue, et c'est par cette raison qu'il ne fait aucun tort au pâturage sur lequel il vit : comme il ne peut pincer que l'extrémité des jeunes herbes, il n'en ébranle point la racine et n'en retarde que très peu l'accroissement ; au lieu que le mouton et la chèvre les coupent de si près, qu'ils détruisent la tige et gâtent la racine. D'ailleurs le cheval choisit l'herbe la plus fine, et laisse grener et se multiplier la grande herbe, dont les tiges sont dures ; au lieu que le bœuf coupe ces grosses tiges et détruit peu à peu l'herbe la plus grossière : ce qui fait qu'au bout de quelques années la prairie sur laquelle le cheval a vécu n'est plus qu'un mauvais pré, au lieu que celle que le bœuf a brouté devient un pâturage fin.

L'espèce de nos bœufs, qu'il ne faut pas confondre avec celles de l'aurochs, du buffle et du bison, paraît être originaire de nos climats tempérés, la grande chaleur les incommodant autant que le froid excessif. D'ailleurs cette espèce, si abondante en Europe, ne se trouve point dans les pays méridionaux, et ne s'est pas étendue au delà de l'Arménie et de la Perse en Asie, et au delà de l'Égypte et de la Barbarie en Afrique ; car aux Indes, aussi bien que dans le reste de l'Afrique, et même en Amérique, ce sont des bisons qui ont une bosse sur le dos, ou d'autres animaux, auxquels les voyageurs ont donné le nom de bœufs, mais qui sont d'une espèce différente de celle de nos bœufs. Ceux qu'on trouve au cap de Bonne-Espérance et en plusieurs contrées de l'Amérique y ont été transportés d'Europe par les Hollandais et par les Espagnols. En général, il paraît que les pays un peu froids conviennent mieux à nos bœufs que les pays chauds, et qu'ils sont d'autant plus gros et plus grands que le climat est plus humide et plus abondant en pâturages. Les bœufs du Danemark, de la Podolie, de l'Ukraine et de la Tartarie qu'habitent les Kalmouks, sont les plus grands de tous ; ceux d'Irlande, d'Angleterre, de Hollande et de Hongrie, sont aussi plus grands que ceux de Perse, de Turquie, de Grèce, d'Italie, de France et d'Espagne ; et ceux de Barbarie sont les plus petits de tous. On assure que les Hollandais tirent tous les ans du Danemark un grand nombre de vaches grandes et maigres, et que ces vaches donnent en Hollande beaucoup plus de lait que les vaches de France. C'est apparemment cette même race de vaches à lait qu'on a transportée et multipliée en Poitou, en Aunis, et dans les marais de la Charente, où on les appelle *vaches flandrines*. Ces vaches sont en effet beaucoup plus grandes et plus maigres que les vaches communes, et elles donnent une fois autant de lait et de beurre ; elles donnent aussi des veaux beaucoup plus grands et plus forts. Elles ont du lait en tout temps, et on peut les traire toute l'année. Mais il faut pour ces vaches des pâturages excellents ; quoiqu'elles ne mangent guère plus que les vaches communes, comme elles sont toujours maigres, toute la surabondance de la nourriture se tourne

en lait : au lieu que les vaches ordinaires deviennent grasses et cessent de donner du lait dès qu'elles ont vécu pendant quelque temps
dans des pâturages trop gras. Les vaches dites bâtardes donnent souvent deux veaux à la fois, et fournissent du lait pendant toute l'année.
Ce sont ces bonnes vaches à lait qui font une partie des richesses de la
Hollande, d'où il sort tous les ans pour des sommes considérables
de beurre et de fromage. Ces vaches, qui fournissent une ou deux
fois autant de lait que les vaches de France, en donnent six fois autant que celles de Barbarie.

En Irlande, en Angleterre, en Hollande, en Suisse et dans le
Nord, on sale et on fume la chair du bœuf en grande quantité, soit
pour l'usage de la marine, soit pour l'avantage du commerce. Il sort
aussi de ces pays une grande quantité de cuirs : la peau du bœuf, et
même celle du veau, servent, comme l'on sait, à une infinité d'usages. La graisse est aussi une matière utile : on la mêle avec le suif du
mouton. Le fumier du bœuf est le meilleur engrais pour les terres
sèches et légères. La corne de cet animal est le premier vaisseau dans
lequel on ait bu, le premier instrument dans lequel on ait soufflé
pour augmenter le son, la première matière transparente que l'on
ait employée pour faire des vitres, des lanternes, et que l'on ait ramol-
lie, travaillée, moulée, pour faire des boîtes, des peignes, et mille
autres ouvrages.

LE BÉLIER ET LA BREBIS

L'on ne peut guère douter que les animaux actuellement domestiques n'aient été sauvages auparavant : ceux dont nous avons donné
l'histoire en ont fourni la preuve ; et l'on trouve encore aujourd'hui
des chevaux, des ânes et des taureaux sauvages. Mais l'homme, qui
s'est soumis tant de millions d'individus, peut-il se glorifier d'avoir
conquis une seule espèce entière ? Comme toutes ont été créées sans
sa participation, ne peut-on pas croire que toutes ont eu ordre de
croître et de multiplier sans son secours ? Cependant, si l'on fait
attention à la faiblesse et à la stupidité de la brebis, si l'on considère
en même temps que cet animal sans défense ne peut même trouver son
salut dans la fuite ; qu'il a pour ennemis tous les animaux carnassiers,
qui semblent le chercher de préférence et le dévorer par goût ; que
d'ailleurs cette espèce produit peu, que chaque individu ne vit que
peu de temps, etc., on serait tenté d'imaginer que dès les commencements la brebis a été confiée à la garde de l'homme, qu'elle a eu
besoin de sa protection pour subsister, et de ses soins pour se multiplier, puisqu'en effet on ne trouve point de brebis sauvages dans

les déserts ; que, dans tous les lieux où l'homme ne commande pas, le lion, le tigre, le loup, règnent par la force et par la cruauté ; que ces animaux de sang et de carnage vivent plus longtemps et multiplient tous beaucoup plus que la brebis ; et qu'enfin, si l'on abandonnait encore aujourd'hui dans nos campagnes les troupeaux nombreux de cette espèce que nous avons tant multipliée, ils seraient bientôt détruits sous nos yeux, et l'espèce entière anéantie par le nombre et la voracité des espèces ennemies.

Il paraît donc que ce n'est que par notre secours et par nos soins que cette espèce a duré, dure, et pourra durer encore ; il paraît qu'elle ne subsisterait pas par elle-même. La brebis est absolument sans ressource et sans défense : le bélier n'a que de faibles armes ; son courage n'est qu'une pétulance inutile pour lui-même et incommode pour les autres. Les moutons sont encore plus timides que les brebis ; c'est par crainte qu'ils se rassemblent si souvent en troupeaux ; le moindre bruit extraordinaire suffit pour qu'ils se précipitent et se serrent les uns contre les autres ; et cette crainte es accompagnée de la plus grande stupidité, car ils ne savent pas fuir le danger : ils semblent même ne pas sentir l'incommodité de leur situation ; ils restent où ils se trouvent, à la pluie, à la neige ; ils y demeurent opiniâtrément ; et, pour les obliger à changer de lieu et à prendre une route, il leur faut un chef qu'on instruit à marcher le premier et dont ils suivent tous les mouvements pas à pas. Ce chef demeurerait lui-même, avec le reste du troupeau, sans mouvement, dans la même place, s'il n'était chassé par le berger ou excité par le chien commis à leur garde, lequel sait en effet veiller à leur sûreté, les

défendre, les diriger, les séparer, les rassembler, et leur communiquer les mouvements qui leur manquent.

Ce sont donc, de tous les animaux quadrupèdes, les plus stupides ; ce sont ceux qui ont le moins de ressource et d'instinct. Les
chèvres, qui leur ressemblent à tant d'autres égards, ont beaucoup
plus de sentiment ; elles savent se conduire, elles évitent les dangers,

elles se familiarisent aisément avec les nouveaux objets, au lieu que
la brebis ne sait ni fuir ni s'approcher : quelque besoin qu'elle ait
de secours, elle ne vient point à l'homme aussi volontiers que la
chèvre ; et ce qui, dans les animaux, paraît être le dernier degré
de la timidité ou de l'insensibilité, elle se laisse enlever son agneau
sans le défendre, sans s'irriter, sans résister, et sans marquer sa
douleur par un cri différent du bêlement ordinaire.

Mais cet animal si chétif en lui-même, si dépourvu de sentiment,
si dénué de qualités intérieures, est pour l'homme l'animal le plus
précieux, celui dont l'utilité est la plus immédiate et la plus étendue :
seul il peut suffire aux besoins de première nécessité ; il fournit tout

à la fois de quoi se nourrir et se vêtir, sans compter les avantages particuliers que l'on sait tirer du suif, du lait, de la peau et même des boyaux, des os et du fumier de cet animal, auquel il semble que la nature n'ait, pour ainsi dire, rien accordé en propre, rien donné que pour le rendre à l'homme.

Les gens qui veulent former un troupeau, et en tirer du profit, achètent des brebis et des moutons de l'âge de dix-huit mois ou deux ans. On en peut mettre cent sous la conduite d'un seul berger : s'il est vigilant et aidé d'un bon chien, il en perdra peu. Il doit les précéder lorsqu'il les conduit aux champs, et les accoutumer à entendre sa voix, à le suivre sans s'arrêter et sans s'écarter dans les blés, dans les vignes, dans les bois, et dans les terres cultivées, où ils ne manqueraient pas de causer du dégât. Les coteaux et les plaines élevées au-dessus des collines sont les lieux qui leur conviennent le mieux : on évite de les mener paître dans les endroits bas, humides et marécageux. On les nourrit pendant l'hiver, à l'étable, de son, de navets, de foin, de paille, de luzerne, de sainfoin, de feuilles d'orme, de frêne, etc. On ne laisse pas de les faire sortir tous les jours, à moins que le temps ne soit fort mauvais ; mais c'est plutôt pour les promener que pour les nourrir ; et dans cette mauvaise saison on ne les conduit aux champs que sur les dix heures du matin : on les y laisse pendant quatre ou cinq heures, après quoi on les fait boire et on les ramène vers les trois heures après midi. Au printemps et en automne, au contraire, on les fait sortir aussitôt que le soleil a dissipé la gelée ou l'humidité, et on ne les ramène qu'au soleil couchant. Il suffit aussi, dans ces deux saisons, de les faire boire une seule fois

Les Moutons, composition et dessin de Ch. Jacque.

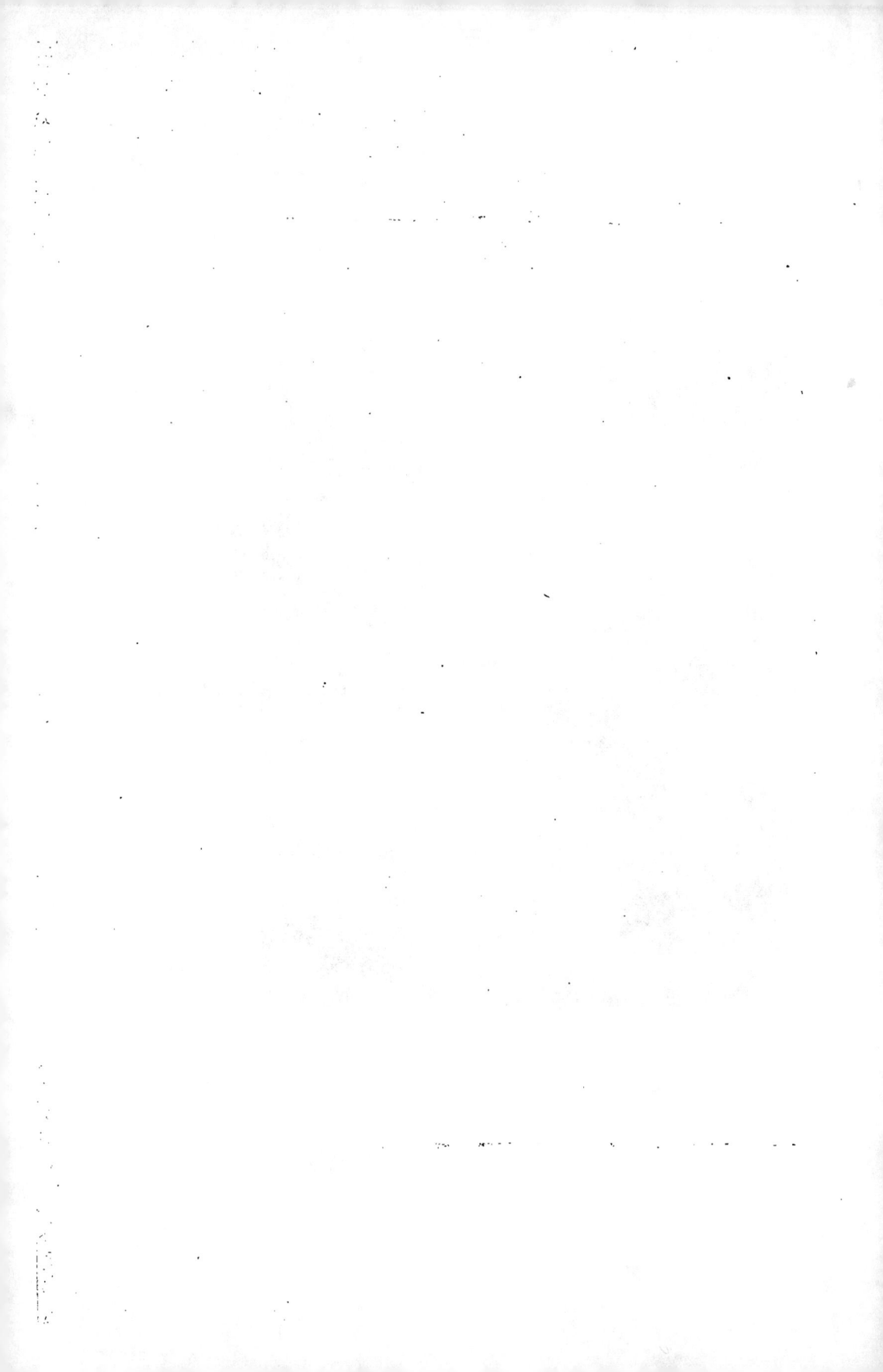

par jour avant de les ramener à l'étable, où il faut qu'ils trouvent toujours du fourrage, mais en plus petite quantité qu'en hiver. Ce n'est que pendant l'été qu'ils doivent prendre aux champs toute leur nourriture ; on les y mène deux fois par jour, et on les fait boire aussi deux fois : on les fait sortir de grand matin, on attend que la rosée soit tombée pour les laisser paître pendant quatre ou cinq heures ; ensuite on les fait boire, et on les ramène à la bergerie ou dans quelque autre endroit à l'ombre ; sur les trois ou quatre heures du soir, lorsque la grande chaleur commence à diminuer, on les mène paître une seconde fois jusqu'à la fin du jour ; il faudrait même les laisser passer toute la nuit aux champs, comme on le fait en Angleterre, si l'on n'avait rien à craindre du loup ; ils n'en seraient que plus vigoureux, plus propres et plus sains. Comme la chaleur trop vive les incommode beaucoup, et que les rayons du soleil leur étourdissent la tête et leur donnent des vertiges, on fera bien de choisir des lieux opposés au soleil, et de les mener le matin sur des coteaux exposés au levant, et l'après-midi sur des coteaux exposés au couchant, afin qu'ils aient, en paissant, la tête à l'ombre de leur corps ; enfin il faut éviter de les faire passer par des endroits couverts d'épines, de ronces, d'ajoncs, de chardons, si l'on veut qu'ils conservent leur laine.

Dans les terrains secs, dans les lieux élevés, où le serpolet et les autres herbes odoriférantes abondent, la chair du mouton est de bien meilleure qualité que dans les plaines basses et dans les vallées humides ; à moins que ces plaines ne soient sablonneuses et voisines de la mer, parce qu'alors toutes les herbes sont salées, et la chair du

mouton n'est nulle part aussi bonne que dans ces pacages ou prés
salés ; le lait des brebis y est aussi plus abondant et de meilleur
goût. Rien ne flatte plus l'appétit de ces animaux que le sel ; rien
aussi ne leur est plus salutaire, lorsqu'il leur est donné modérément ;
et dans quelques endroits on met dans la bergerie un sac de sel ou
une pierre salée, qu'ils vont lécher tour à tour.

Tous les ans il faut trier dans le troupeau les bêtes qui commencent à vieillir, et qu'on veut engraisser : comme elles demandent un
traitement différent de celui des autres, on doit en faire un troupeau
séparé ; et si c'est en été, on les mènera aux champs avant le lever
du soleil, afin de leur faire paître l'herbe humide et chargée de rosée. Rien ne contribue plus à l'engrais des moutons que l'eau prise
en grande quantité, et rien ne s'y oppose davantage que l'ardeur du
soleil : ainsi on les ramènera à la bergerie sur les huit ou neuf heures du matin, avant la grande chaleur, et on leur donnera du sel
pour les exciter à boire ; on les mènera une seconde fois, sur les
quatre heures du soir, dans les pacages les plus frais et les plus humides. Ces petits soins, continués pendant deux ou trois mois, suffisent pour leur donner toutes les apparences de l'embonpoint, et
même pour les engraisser autant qu'ils peuvent l'être ; mais cette
graisse, qui ne vient que de la grande quantité d'eau qu'ils ont bue,
n'est pour ainsi dire qu'une bouffissure, un œdème qui les ferait périr
de pourriture en peu de temps, et qu'on ne prévient qu'en les tuant
immédiatement après qu'ils se sont chargés de cette fausse graisse ;
leur chair même, loin d'avoir acquis des sucs et pris de la fermeté,
n'en est souvent que plus insipide et plus fade : il faut, lorsqu'on

veut leur faire une bonne chair, ne se pas borner à leur laisser paître la rosée et boire beaucoup d'eau, mais leur donner en même
temps des nourritures plus succulentes que l'herbe. On peut les engraisser en hiver et dans toutes les saisons, en les mettant dans une
étable à part, et en les nourrissant de farines d'orge, d'avoine, de
froment, de fèves, etc., mêlées de sel, afin de les exciter à boire plus
souvent et plus abondamment ; mais de quelque manière et dans
quelque saison qu'on les ait engraissés, il faut s'en défaire aussitôt,
car on ne peut jamais les engraisser deux fois, et ils périssent presque tous par des maladies du foie.

Tous les ans on fait la tonte de la laine des moutons, des brebis
et des agneaux ; dans les pays chauds, où l'on ne craint pas de mettre l'animal tout à fait nu, l'on ne coupe pas la laine, mais on l'arrache, et on en fait souvent deux récoltes par an. En France, et dans
les climats plus froids, on se contente de la couper une fois par an
avec de grands ciseaux, et on laisse aux moutons une partie de leur
toison, afin de les garantir de l'intempérie du climat. C'est au mois
de mai que se fait cette opération, après les avoir bien lavés, afin de
rendre la laine aussi nette qu'elle peut l'être : au mois d'avril il
fait encore trop froid ; et si l'on attendait les mois de juin et de
juillet, la laine ne croîtrait pas assez pendant le reste de l'été pour
les garantir du froid pendant l'hiver. La laine des moutons est ordinairement plus abondante et meilleure que celle des brebis. Celle
du cou et du dessus du dos est la laine de la première qualité ; celle
des cuisses, de la queue, du ventre, de la gorge, etc., n'est pas si
bonne, et celle que l'on prend sur des bêtes mortes ou malades est

la plus mauvaise. On préfère aussi la laine blanche à la grise, à la brune et à la noire, parce qu'à la teinture elle peut prendre toutes sortes de couleurs. Pour la qualité, la laine lisse vaut mieux que la laine crépue ; on prétend même que les moutons dont la laine est trop frisée ne se portent pas aussi bien que les autres. On peut encore tirer des moutons un avantage considérable en les faisant parquer, c'est-à-dire en les laissant séjourner sur les terres qu'on veut améliorer : il faut pour cela enclore le terrain, et y renfermer le troupeau toutes les nuits pendant l'été ; le fumier et la chaleur du corps de ces animaux ranimeront en peu de temps les terres épuisées, ou froides et infertiles. Cent moutons amélioreront en un été huit arpents de terre pour six ans.

Les anciens ont dit que tous les animaux ruminants avaient du suif ; cependant cela n'est exactement vrai que de la chèvre et du mouton ; et celui du mouton est plus abondant, plus blanc, plus sec, plus ferme et de meilleure qualité qu'aucun autre. La graisse diffère du suif en ce qu'elle reste toujours molle, au lieu que le suif durcit en se refroidissant. C'est surtout autour des reins que le suif s'amasse en grande quantité, et le rein gauche en est toujours plus chargé que le droit ; il y en a aussi beaucoup dans l'épiploon et autour des intestins ; mais ce suif n'est pas, à beaucoup près, aussi ferme ni aussi bon que celui des reins, de la queue et des autres parties du corps. Les moutons n'ont pas d'autre graisse que le suif, et cette matière domine si fort dans l'habitude de leur corps, que toutes les extrémités de la chair en sont garnies ; le sang même en contient une assez grande quantité.

Le goût de la chair de mouton, la finesse de la laine, la quantité de suif, et même la grandeur et la grosseur du corps de ces animaux, varient beaucoup, suivant les différents pays. En France, le Berri est la province où ils sont plus abondants ; ceux des environs de Beauvais sont les plus gras et les plus chargés de suif, aussi bien que ceux de quelques endroits de la Normandie ; ils sont très bons en Bourgogne ; mais les meilleurs de tous sont ceux des côtes sablonneuses de nos provinces maritimes. Les laines d'Italie, d'Espagne, et même d'Angleterre, sont plus fines que les laines de France. Il y a en Poitou, en Provence, aux environs de Bayonne et dans quelques autres endroits de la France, des brebis qui paraissent être de races étrangères, et qui sont plus grandes, plus fortes et plus chargées de laine, que celles de la race commune : ces brebis produisent aussi beaucoup plus que les autres, et donnent souvent deux agneaux à la fois ou deux agneaux par an. Les béliers de cette race engendrent avec les brebis ordinaires, ce qui produit une race intermédiaire qui participe des deux dont elle sort. En Italie et en Espagne, il y a encore un plus grand nombre de variétés dans les races des brebis ; mais toutes doivent être regardées comme ne formant qu'une seule et même espèce avec nos brebis, et cette espèce si abondante et si variée ne s'étend guère au delà de l'Europe. Les animaux à longue et large queue qui sont communs en Afrique et en Asie, et auxquels les voyageurs ont donné le nom de *moutons de Barbarie*, paraissent être d'une espèce différente de nos moutons, aussi bien que la vigogne et le lama d'Amérique.

Comme la laine blanche est plus estimée que la noire, on détruit presque partout avec soin les agneaux noirs ou tachés ; cependant il y a des endroits où presque toutes les brebis sont noires, et partout on voit souvent naître d'un bélier blanc et d'une brebis blanche des agneaux noirs. En France il n'y a que des moutons blancs, bruns, noirs, et tachés; en Espagne il y a des moutons roux ; en Ecosse il y en a de jaunes ; mais ces différences et ces variétés dans la couleur sont encore plus accidentelles que les différences et les variétés des races, qui ne viennent cependant que de la différence de la nourriture et de l'influence du climat.

LE BOUC ET LA CHÈVRE

Quoique les espèces dans les animaux soient toutes séparées par un intervalle que la nature ne peut franchir, quelques-unes semblent se rapprocher par un si grand nombre de rapports, qu'il ne reste pour ainsi dire entre elles que l'espace nécessaire pour tirer la ligne de séparation ; et lorsque nous comparons ces espèces voisines, et que nous les considérons relativement à nous, les unes se présentent comme des espèces de première utilité, et les autres semblent n'être que des espèces auxiliaires, qui pourraient, à bien des égards, remplacer les premières, et nous servir aux mêmes usages. L'âne pourrait presque remplacer le cheval ; et de même, si l'espèce de la brebis venait à nous manquer, celle de la chèvre pourrait y suppléer. La chèvre fournit du lait comme la brebis, et même en plus grande abondance ; elle donne aussi du suif en quantité ; son poil, quoique plus rude que la laine, sert à faire de très bonnes étoffes ; sa peau vaut mieux que celle du mouton ; la chair du chevreau approche assez de celle de l'agneau, etc. Ces espèces auxiliaires sont plus agrestes, plus robustes que les espèces principales ; l'âne et la chèvre ne

demandent pas autant de soin que le cheval et la brebis ; partout ils
trouvent à vivre, et broutent également les plantes de toutes espèces,
les herbes grossières, les arbrisseaux chargés d'épines; ils sont
moins affectés de l'intempérie du climat, ils peuvent mieux se passer
du secours de l'homme : moins ils nous appartiennent, plus ils semblent appartenir à la nature ; et, au lieu d'imaginer que ces espèces
subalternes n'ont été produites que par la dégénération des espèces
premières ; au lieu de regarder l'âne comme un cheval dégénéré, il
y aurait plus de raison de dire que le cheval est un âne perfectionné ;
que la brebis n'est qu'une espèce de chèvre plus délicate, que nous
avons soignée, perfectionnée, propagée pour notre utilité; et qu'en
général les espèces les plus parfaites, surtout dans les animaux domestiques, tirent leur origine de l'espèce moins parfaite des animaux
sauvages qui en approche le plus, la nature seule ne pouvant faire
autant que la nature et l'homme réunis.

Quoi qu'il en soit, la chèvre est une espèce distincte, et peut-être
encore plus éloignée de celle de la brebis que l'espèce de l'âne ne
l'est de celle du cheval. Le bouc s'accouple volontiers avec la brebis,
comme l'âne avec la jument ; et le bélier se joint avec la chèvre,
comme le cheval avec l'ânesse ; mais il ne s'est point formé d'espèce intermédiaire entre la chèvre et la brebis : ces deux espèces
sont distinctes, demeurent constamment séparées, et toujours
à la même distance l'une de l'autre ; elles n'ont donc point été al-
térées par ces mélanges ; elles n'ont point fait de nouvelles souches
et de nouvelles races d'animaux mitoyens ; elles n'ont produit que
des différences individuelles, qui n'influent pas sur l'unité de cla-

Chèvres d'Angora.

cune des espèces primitives, et qui confirment au contraire la réalité de leur différence caractéristique.

La chèvre a de sa nature plus de sentiment et de ressource que la brebis ; elle vient à l'homme volontiers, elle se familiarise aisément, elle est sensible aux caresses et capable d'attachement ; elle est aussi plus forte, plus légère, plus agile et moins timide que la brebis ; elle est vive , capricieuse et vagabonde. Ce n'est qu'avec peine qu'on la conduit, et qu'on peut la réduire en troupeau : elle aime à s'écarter dans les solitudes, à grimper sur les lieux escarpés, à se placer et même à dormir sur la pointe des rochers et sur le bord des précipices ; elle est robuste, aisée à nourrir ; presque toutes les herbes lui sont bonnes, et il y en a peu qui l'incommodent. Le tempérament, qui dans tous les animaux influe beaucoup sur le naturel, ne paraît cependant pas dans la chèvre différer essentiellement de celui de la brebis. Ces deux espèces d'animaux, dont l'organisation intérieure est presque entièrement semblable, se nourrissent, croissent et multiplient de la même manière et se ressemblent encore par le caractère des maladies, qui sont les mêmes, à l'exception de quelques-unes auxquelles la chèvre n'est pas sujette : elle ne craint pas, comme la brebis, la trop grande chaleur ; elle dort au soleil, s'expose volontiers à ses rayons les plus vifs, sans en être incommodée, et sans que cette ardeur lui cause ni étourdissement ni vertiges ; elle ne s'effraie point des orages, ne s'impatiente pas à la pluie ; mais elle paraît être sensible à la rigueur du froid. Les mouvements extérieurs sont beaucoup moins mesurés, beaucoup plus vifs dans la chèvre que dans la brebis. L'inconstance de son naturel se marque par l'irrégularité de ses actions ; elle marche, elle s'arrête, elle court, elle bondit, elle saute, s'approche, s'éloigne, se montre, se cache ou fuit, comme par caprice, et sans autre cause déterminante que celle de la vivacité bizarre de son sentiment intérieur ; et toute la souplesse des organes, tout le nerf du corps, suffisent à peine à la pétulance et à la rapidité de ces mouvements, qui lui sont naturels.

On a des preuves que ces animaux sont naturellement amis de l'homme, et que dans les lieux inhabités ils ne deviennent point sauvages. En 1698, un vaisseau anglais ayant relâché à l'île de Bonavista, deux nègres se présentèrent à bord, et offrirent gratis aux Anglais autant de boucs qu'ils en voudraient emporter. A l'étonnement que le capitaine marqua de cette offre, les nègres répondirent qu'il n'y avait que douze personnes dans toute l'île, que les boucs et les chèvres s'y étaient multipliés jusqu'à devenir incommodes, et que, loin de donner beaucoup de peine à les prendre, ils suivaient les hommes avec une sorte d'obstination, comme les animaux domestiques.

Lorsqu'on conduit les chèvres avec les moutons, elles ne restent pas à leur suite ; elles précèdent toujours le troupeau. Il vaut mieux les mener séparément paître sur les collines ; elles aiment mieux les lieux élevés et les montagnes, même les plus escarpées ; elles trouvent autant de nourriture qu'il leur en faut dans les bruyères, dans les friches, dans les terrains incultes, et dans les terres stériles. Il faut les éloigner des endroits cultivés, les empêcher d'entrer dans les blés, dans les vignes, dans les bois ; elles font un grand dégât dans les taillis ; les arbres, dont elles broutent avec avidité les jeunes pousses et les écorces tendres, périssent presque tous. Elles craignent les lieux humides, les prairies marécageuses, les pâturages gras. On en élève rarement dans les pays de plaines ; elles s'y portent mal, et leur chair est de mauvaise qualité. Dans la plupart des climats chauds, on nourrit des chèvres en grande quantité et on ne leur donne point d'étable ; en France, elles périraient si on ne les mettait pas à l'abri pendant l'hiver. On peut se dispenser de leur donner de la litière en été, mais il leur en faut pendant l'hiver ; et, comme toute humidité les incommode beaucoup, on ne les laisse pas coucher sur leur fumier, et on leur donne souvent de la litière fraîche. On les fait sortir de grand matin pour les mener aux champs; l'herbe chargée de rosée, qui n'est pas bonne pour les moutons, fait grand bien aux chèvres. Comme elles sont indociles et vagabondes, un homme, quelque robuste et quelque agile qu'il soit, n'en peut guère conduire que cinquante. On ne les laisse pas sortir pendant les neiges et les frimas ; on les nourrit à l'étable d'herbes et de petites branches d'arbres cueillis en automne, ou de choux, de navets et d'autres légumes. Plus elles mangent, plus la quantité de leur lait augmente ; et, pour entretenir et augmenter encore cette abondance de lait, on les fait beaucoup boire, et on leur donne quelquefois du salpêtre ou de l'eau salée : elles donnent du lait en quantité pendant quatre à cinq mois, et elles en donnent soir et matin.

Communément les boucs et les chèvres ont des cornes ; cependant il y a, quoique en moindre nombre, des chèvres et des boucs sans cornes. Ils varient aussi beaucoup par la couleur du poil. On dit que les blanches et celles qui n'ont point de cornes sont celles qui donnent le plus de lait, et que les noires sont les plus fortes et les plus robustes de toutes. Ces animaux, qui ne coûtent presque rien à nourrir, ne laissent pas de faire un produit assez considérable ; on en vend la chair, le suif, le poil et la peau. Leur lait est plus sain et meilleur que celui de la brebis : il est d'usage dans la médecine ; il se caille aisément, et l'on en fait de très bons fromages. Les chèvres se laissent teter aisément, même par les enfants, pour lesquels leur lait est une très bonne nourriture.

Les chèvres n'ont point de dents incisives à la mâchoire supérieure ; celles de la mâchoire inférieure tombent et se renouvellent dans le même temps et dans le même ordre que celles des brebis : les nœuds des cornes et des dents peuvent indiquer l'âge. Le nombre des dents n'est pas constant dans les chèvres ; elles en ont ordinairement moins que les boucs, qui ont aussi le poil plus rude, la barbe et les cornes plus longues que les chèvres. Ces animaux, comme les bœufs et les moutons, ont quatre estomacs et ruminent. L'espèce en est plus répandue que celle de la brebis ; on trouve des chèvres semblables aux nôtres dans plusieurs parties du monde : elles sont seulement plus petites en Guinée et dans les autres pays chauds ; elles sont plus grandes en Moscovie et dans les autres climats froids. Les chèvres d'Angora ou de Syrie, à oreilles pendantes, sont de la même espèce que les nôtres ; elles se mêlent et produisent ensemble, même dans nos climats. Le mâle a les cornes à peu près aussi longues que le bouc ordinaire, mais dirigées et contournées d'une manière différente ; elles s'étendent horizontalement de chaque côté de la tête, et forment des spirales à peu près comme un tire-bourre. Les cornes de la femelle sont courtes, et se recourbent en arrière, en bas et en avant, de sorte qu'elles aboutissent auprès de l'œil ; et il paraît que leur contour et leur direction varient. Ces chèvres ont, comme presque tous les autres animaux de Syrie, le poil très long, très fourni, et si fin qu'on en fait des étoffes aussi belles et aussi lustrées que nos étoffes de soie.

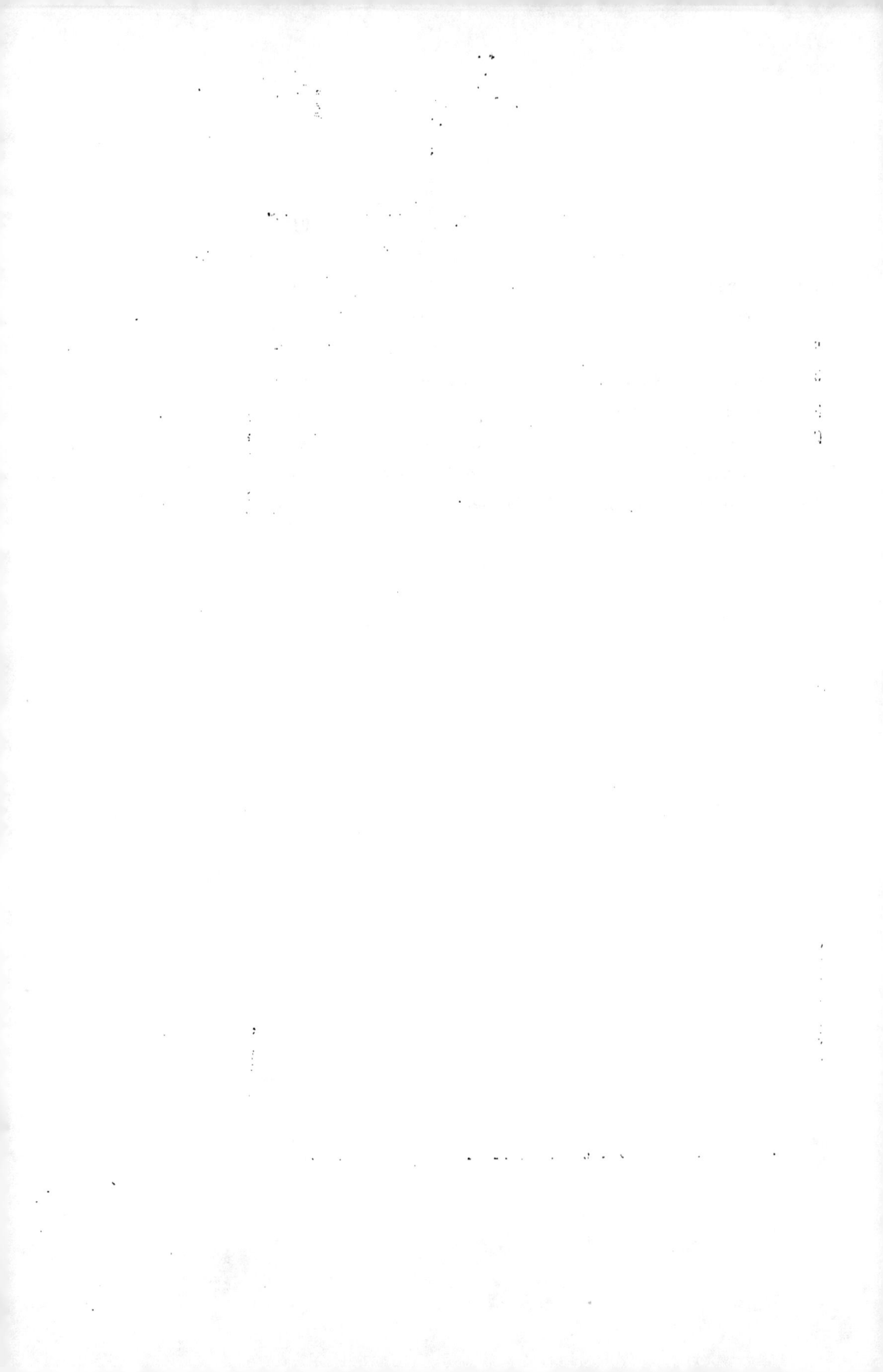

LE COCHON, LE COCHON DE SIAM
ET LE SANGLIER

Nous mettons ensemble le cochon, le cochon de Siam et le sanglier, parce que tous trois ne font qu'une seule et même espèce : l'un est l'animal sauvage, les deux autres sont l'animal domestique ; et quoiqu'ils diffèrent par quelques marques extérieures, peut-être aussi par quelques habitudes, comme ces différences ne sont pas essentielles, et qu'elles sont seulement relatives à leur condition, que leur naturel n'est pas même fort altéré par l'état de domesticité, qu'enfin ils produisent ensemble des individus qui peuvent en produire d'autres, caractère qui constitue l'unité et la constance de l'espèce, nous n'avons pas dû les séparer.

Ces animaux sont singuliers ; l'espèce en est, pour ainsi dire, unique ; elle est isolée ; elle semble exister plus solitairement qu'aucune autre ; elle n'est voisine d'aucune espèce qu'on puisse regarder comme principale ni comme accessoire, telle que l'espèce du cheval relativement à celle de l'âne, ou l'espèce de la chèvre relativement à la brebis ; elle n'est pas sujette à une grande variété de races, comme celle du chien ; elle participe de plusieurs espèces, et cependant elle diffère essentiellement de toutes.

La graisse du cochon est différente de celle de presque tous les autres animaux quadrupèdes, non seulement par sa consistance et sa qualité, mais aussi par sa position dans le corps de l'animal. La graisse de l'homme et des animaux qui n'ont point de suif, comme le chien, le cheval, etc., est mêlée avec la chair assez également : le suif dans le bélier, le bouc, le cerf, etc., ne se trouve qu'aux extrémités de la chair ; mais le lard du cochon n'est ni mêlé avec la chair, ni ramassé aux extrémités de la chair ; il la recouvre partout et forme une couche épaisse, distincte et continue entre la chair et la peau. Le cochon a cela de commun avec la baleine et les autres animaux cétacés, dont la graisse n'est qu'une espèce de lard à peu près de la même consistance, mais plus huileux que celui du cochon. Ce lard, dans les animaux cétacés, forme aussi sous la peau une couche de plusieurs pouces d'épaisseur qui enveloppe la chair.

Encore une singularité, même plus grande que les autres : c'est que le cochon ne perd aucune de ses premières dents. Les autres animaux, comme le cheval, l'âne, le bœuf, la brebis, la chèvre, le chien, et même l'homme, perdent toutes leurs premières dents incisives : ces dents de lait tombent avant la puberté, et sont bientôt remplacées par d'autres. Dans le cochon, au contraire, les dents de lait ne tombent jamais, elles croissent même pendant toute la vie. Il a six dents au-devant de la mâchoire inférieure, qui sont incisives et tranchantes ; il a aussi à la mâ-

La glandée, dessin de Ch. Jacque.

choire supérieure six dents correspondantes ; mais, par une imperfection qui n'a pas d'exemple dans la nature, ces six dents de
la mâchoire supérieure sont d'une forme très différente de celle
des dents de la mâchoire inférieure ; au lieu d'être incisives et
tranchantes, elles sont longues, et émoussées à la pointe, en
sorte qu'elles forment un angle presque droit avec celles de la
mâchoire inférieure, et qu'elles ne s'appliquent que très oblique-
ment les unes contre les autres par leurs extrémités.

Il n'y a que le cochon et deux ou trois autres espèces d'animaux qui aient des défenses ou des dents canines très allongées ;
elles diffèrent des autres dents en ce qu'elles sortent au dehors
et qu'elles croissent pendant toute la vie. Dans l'éléphant et la
vache marine, elles sont cylindriques et longues de quelques pieds ;
dans le sanglier et le cochon mâle, elles se courbent en portion
de cercle, elles sont plates et tranchantes, et j'en ai vu de neuf
à dix pouces de longueur. Elles sont enfoncées très profondément dans l'alvéole, et elles ont aussi, comme celles de l'éléphant,
une cavité à leur extrémité supérieure ; mais l'éléphant et la vache marine n'ont de défense qu'à la mâchoire supérieure ; ils manquent même de dents canines à la mâchoire inférieure, au lieu
que le cochon mâle et le sanglier en ont aux deux mâchoires,
et celles de la mâchoire inférieure sont plus utiles à l'animal ;
elles sont aussi plus dangereuses, car c'est avec la défense d'en
bas que le sanglier blesse.

La truie et la laie ont aussi ces quatre dents canines à la mâchoire inférieure ; mais elles croissent beaucoup moins que celles du

mâle, et ne sortent presque point au dehors. Outre ces seize dents, savoir douze incisives et quatre canines, ils ont encore vingt-huit dents mâchelières : ce qui fait, en tout, quarante-quatre dents. Le sanglier a les défenses plus grandes, le boutoir plus fort, et la hure plus longue que le cochon domestique ; il a aussi les pieds plus gros, les pinces plus séparées et le poil toujours noir.

De tous les quadrupèdes, le cochon paraît être l'animal le plus brut : les imperfections de la forme semblent influer sur le naturel ; toutes ses habitudes sont grossières, tous ses goûts sont immondes ; toutes ses sensations se réduisent à une gourmandise brutale, qui lui fait dévorer indistinctement tout ce qui se présente et même sa progéniture au moment qu'elle vient de naître. Sa voracité dépend apparemment du besoin continuel qu'il a de remplir la grande capacité de son estomac ; et la grossièreté de ses appétits, de l'hébétation des sens du goût et du toucher. La rudesse du poil, la dureté de la peau, l'épaisseur de la graisse, rendent ces animaux peu sensibles aux coups : l'on a vu des souris se loger sur leur dos, et leur manger le lard et la peau, sans qu'ils parussent le sentir. Ils ont donc le toucher fort obtus, et le goût aussi grossier que le toucher ; leurs autres sens sont bons ; les chasseurs n'ignorent pas que les sangliers voient, entendent et sentent de fort loin, puisqu'ils sont obligés, pour les surprendre, de les attendre en silence pendant la nuit, et de se placer au-dessous du vent pour dérober à leur odorat les émanations qui les frappent de loin, et toujours assez vivement pour leur faire sur-le-champ rebrousser chemin.

Cette imperfection dans les sens du goût et du toucher est encore augmentée par une maladie qui les rend ladres, c'est-à-dire presque absolument insensibles, et de laquelle il faut peut-être moins chercher la première origine dans la texture de la chair ou de la peau de cet animal, que dans sa malpropreté naturelle, et dans la corruption qui doit résulter des nourritures infectes dont il se remplit quelquefois ; car le sanglier, qui n'a point de pareilles ordures à dévorer, et qui vit ordinairement de grains, de fruits, de racines et de glands, n'est point sujet à cette maladie, non plus que le jeune cochon pendant qu'il tette ; on ne la prévient même qu'en tenant le cochon domestique dans une étable propre, et en lui donnant abondamment des nourritures saines. Sa chair deviendra excellente au goût, et le lard ferme et cassant, si, comme je l'ai vu pratiquer, on le tient pendant quinze jours ou trois semaines, avant de le tuer, dans une étable pavée et toujours propre, sans litière, en ne lui donnant alors pour toute nourriture que du grain de froment pur et sec, et ne le laissant boire que très peu. On choisit pour cela un jeune cochon d'un an, en bonne chair et à moitié gras.

La manière ordinaire de les engraisser est de leur donner abondamment de l'orge, du gland, des choux, des légumes cuits, et beaucoup d'eau mêlée de son : en deux mois ils sont gras ; le lard est abondant et épais, mais sans être bien ferme ni blanc ; et la chair, quoique bonne, est toujours un peu fade. On peut encore les engraisser avec moins de dépense, dans les campagnes où il y a beaucoup de glands, en les menant dans les forêts pendant l'automne, lorsque les glands tombent, et que la châtaigne et la faîne quittent leurs enveloppes.

Ils mangent également de tous les fruits sauvages, et ils engraissent en peu de temps, surtout si, le soir, à leur retour, on leur donne de l'eau tiède mêlée d'un peu de son et de farine d'ivraie ; cette boisson les fait dormir, et augmente tellement leur embonpoint, qu'on en a vu ne pouvoir plus marcher ni presque se remuer. Ils engraissent aussi beaucoup plus promptement en automne, dans le temps des premiers froids, tant à cause de l'abondance des nourritures, que parce qu'alors la transpiration est moindre qu'en été.

La durée de la vie d'un sanglier peut s'étendre jusqu'à vingt-cinq ou trente ans.

Ces animaux aiment beaucoup les vers de terre et certaines racines, comme celles de la carotte sauvage : c'est pour trouver ces vers et pour couper ces racines qu'ils fouillent la terre avec leur boutoir. Le sanglier, dont la hure est plus longue et plus forte que celle du cochon, fouille plus profondément; il fouille aussi presque toujours en ligne droite dans le même sillon, au lieu que le cochon fouille çà et là, et plus légèrement. Comme il fait beaucoup de dégât, il faut l'éloigner des terrains cultivés, et ne le mener que dans les bois et sur les terres qu'on laisse reposer.

On appelle, en termes de chasse, *bêtes de compagnie* les sangliers qui n'ont pas passé trois ans, parce que jusqu'à cet âge ils ne se séparent pas les uns des autres, et qu'ils suivent tous leur mère commune : ils ne vont seuls que quand ils sont assez forts pour ne plus craindre les loups. Ces animaux forment donc d'eux-mêmes des espèces de troupes, et c'est de là que dépend leur sûreté : lorsqu'ils sont attaqués, ils résistent par le nombre, ils se secou-

Les sangliers. Une panique, d'après un tableau de Gridel et un dessin de Jules Laurens.

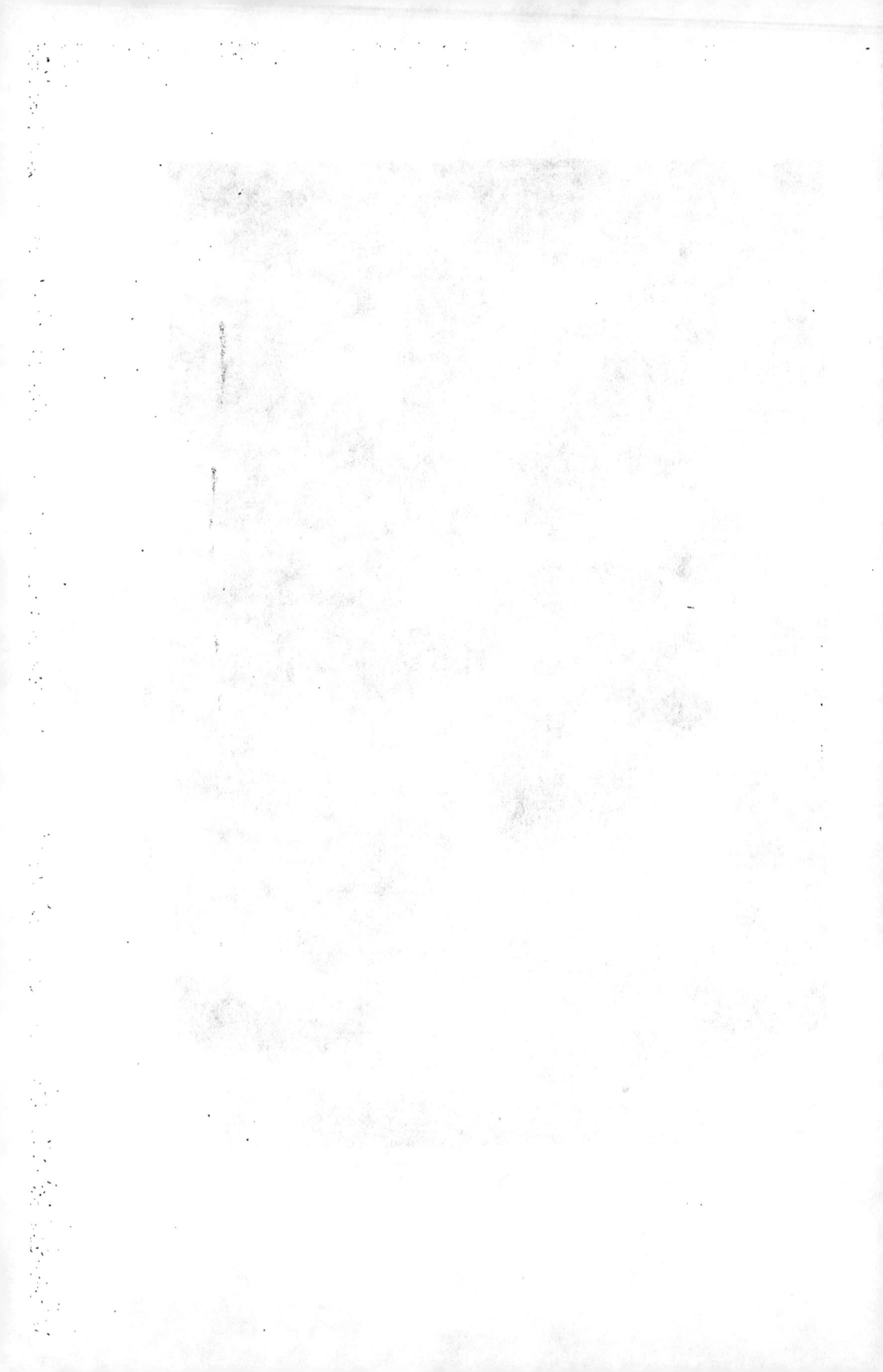

rent, se défendent ; les plus gros font face en se pressant en rond les uns contre les autres, et en mettant les plus petits au centre. Les cochons domestiques se défendent aussi de la même manière, et l'on n'a pas besoin de chiens pour les garder ; mais, comme ils sont indociles et durs, un homme agile et robuste n'en peut guère conduire que cinquante. En automne et en hiver, on les mène dans les forêts, où les fruits sauvages sont abondants ; l'été, on les conduit dans les lieux humides et marécageux, où ils trouvent des vers et des racines en quantité ; et au printemps, on les laisse aller dans les champs et sur les terres en friche. On les fait sortir deux fois par jour, depuis le mois de mars jusqu'au mois d'octobre ; on les laisse paître depuis le matin, après que la rosée est dissipée, jusqu'à dix heures, et depuis deux heures après midi jusqu'au soir. En hiver, on ne les mène qu'une fois par jour dans les beaux temps : la rosée, la neige et la pluie leur sont contraires. Lorsqu'il survient un orage ou seulement une pluie fort abondante, il est assez ordinaire de les voir déserter les uns après les autres, et s'enfuir en courant et toujours criant jusqu'à la porte de leur étable ; les plus jeunes sont ceux qui crient le plus et le plus haut : ce cri est différent de leur grognement ordinaire, c'est un cri de douleur semblable aux premiers cris qu'ils jettent lorsqu'on les garrotte pour les égorger. Le mâle crie moins que la femelle. Il est rare d'entendre le sanglier jeter un cri, si ce n'est lorsqu'il se bat et qu'un autre le blesse ; la laie crie plus souvent ; et quand ils sont surpris et effrayés subitement, ils soufflent avec tant de violence qu'on les entend à une grande distance.

Quoique ces animaux soient fort gourmands, ils n'attaquent ni ne dévorent pas, comme les loups, les autres animaux ; cependant ils mangent quelquefois de la chair corrompue : on a vu des sangliers manger de la chair de cheval, et nous avons trouvé dans leur estomac de la peau de chevreuil et des pattes d'oiseau ; mais c'est peut-être plutôt nécessité qu'instinct. Cependant on ne peut nier qu'ils ne soient avides de sang et de chair sanguinolente et fraîche, puisque les cochons mangent leurs petits, et même des enfants au berceau. Dès qu'ils trouvent quelque chose de succulent, d'humide, de gras et d'onctueux, ils le lèchent, et finissent bientôt par l'avaler. J'ai vu plusieurs fois un troupeau entier de ces animaux s'arrêter, à leur retour des champs, autour d'un monceau de terre glaise nouvellement tirée ; tous léchaient cette terre, qui n'était que très légèrement onctueuse, et quelques-uns en avalaient une grande quantité. Leur gourmandise est, comme l'on voit, aussi grossière que leur naturel est brutal. Ils n'ont aucun sentiment bien distinct : les petits reconnaissent à peine leur mère, ou du moins sont fort sujets à se méprendre, et à téter la première truie qui leur laisse saisir ses mamelles. La crainte et la nécessité donnent apparemment un peu plus de sentiment et d'instinct aux cochons sauvages ; il semble que les petits soient fidèlement attachés à leur mère, qui paraît être aussi plus attentive à leurs besoins que ne l'est la truie domestique.

On chasse le sanglier à force ouverte, avec des chiens, ou bien on le tue par surprise pendant la nuit, au clair de la lune : comme il ne fuit que lentement, qu'il laisse une odeur très forte, il se défend contre les chiens et les blesse toujours dangereusement, il ne faut

Sangliers ravageant un champ de maïs, d'après Haffner de Strasbourg et un dessin de Lallemand (Exposition de 1855).

pas le chasser avec les bons chiens courants destinés pour le cerf ou
le chevreuil : cette chasse leur gâterait le nez, et les accoutumerait
à aller lentement : des mâtins un peu dressés suffisent pour la chasse
du sanglier. Il ne faut attaquer que les plus vieux ; on les connaît
aisément aux traces : un jeune sanglier de trois ans est difficile à
forcer, parce qu'il court très loin sans s'arrêter ; au lieu qu'un sanglier plus âgé ne fuit pas loin, se laisse chasser de près, n'a pas
grand'peur des chiens, et s'arrête souvent pour leur faire tête. Le
jour, il reste ordinairement dans sa bauge, au plus épais et dans le
plus fort du bois ; le soir, à la nuit, il en sort pour chercher sa nourriture : en été, lorsque les grains sont mûrs, il est assez facile de
le surprendre dans les blés et dans les avoines, où il fréquente
toutes les nuits. Il n'y a que la hure qui soit bonne dans un
vieux sanglier ; au lieu que toute la chair du marcassin, et celle du
jeune sanglier qui n'a pas encore un an, est délicate et même assez
fine.

Pour peu qu'on ait habité la campagne, on n'ignore pas les pro-
fits qu'on tire du cochon : sa chair se vend à peu près autant que
celle du bœuf ; le lard se vend au double, et même au triple ; le sang,
les boyaux, les viscères, les pieds, la langue, se préparent et se mangent. Le fumier du cochon est plus froid que celui des autres animaux, et l'on ne doit s'en servir que pour les terres trop chaudes
et trop sèches. La graisse des intestins et de l'épiploon, qui est
différente du lard, fait le saindoux. La peau a ses usages : on en
fait des cribles, comme l'on fait aussi des vergettes, des brosses,
des pinceaux, avec les soies. La chair de cet animal prend

mieux le sel, le salpêtre, et se conserve salée plus longtemps qu'aucune autre.   .

Cette espèce, quoique abondante et fort répandue en Europe , en Asie et en Afrique, ne s'est point trouvée dans le continent du nouveau monde ; elle y a été transportée par les Espagnols, qui ont jeté des cochons noirs dans le continent et dans presque toutes les grandes îles de l'Amérique ; ils se sont multipliés, et sont devenus sauvages en beaucoup d'endroits. Ils ressemblent à nos sangliers ; ils ont le corps plus court, la hure plus grosse et la peau plus épaisse que les cochons domestiques, qui, dans les climats chauds, sont tous noirs comme les sangliers.

Par un de ces préjugés ridicules que la seule superstition peut faire subsister, les mahométans sont privés de cet animal utile : on leur a dit qu'il était immonde ; ils n'osent donc ni le toucher ni s'en nourrir. Les Chinois, au contraire, ont beaucoup de goût pour la chair du cochon ; ils en élèvent de nombreux troupeaux ; c'est leur nourriture la plus ordinaire, et c'est ce qui les a empêchés, dit-on, de recevoir la loi de Mahomet. Ces cochons de la Chine, qui sont aussi de Siam et de l'Inde, sont un peu différents de ceux de l'Europe ; ils sont plus petits, ils ont les jambes beaucoup plus courtes ; leur chair est plus blanche et plus délicate : on les connaît en France, et quelques personnes en élèvent ; ils se mêlent et produisent avec les cochons de la race commune. Les nègres élèvent aussi une grande quantité de cochons, et quoiqu'il y en ait peu chez les Maures et dans tous les pays habités par les mahométans, on trouve en Afrique et en Asie des sangliers aussi abondamment qu'en Europe.

Ces animaux n'affectent donc point de climat particulier ; seulement il paraît que , dans les pays froids, le sanglier , en devenant un animal domestique, a plus dégénéré que dans les pays chauds. Un degré de température de plus suffit pour changer leur couleur. Les cochons sont communément blancs dans nos provinces septentrionales de France, et même en Vivarais, tandis que dans la province du Dauphiné, qui en est très-voisine , ils sont tous noirs ; ceux de Languedoc, de Provence, d'Espagne, d'Italie, des Indes, de la Chine et de l'Amérique, sont aussi de la même couleur. Le cochon de Siam ressemble plus que le cochon de France au sanglier. Un des signes les plus évidents de la dégénération sont les oreilles : elles deviennent d'autant plus souples, d'autant plus molles , plus inclinées et plus pendantes, que l'animal est plus altéré, ou, si l'on veut, plus adouci par l'éducation et par l'état de domesticité : et en effet le cochon domestique a les oreilles beaucoup moins roides, beaucoup plus longues et plus inclinées que le sanglier, qu'on doit regarder comme le modèle de l'espèce.

LE CHIEN

La grandeur de la taille, l'élégance de la forme, la force du corps,
la liberté des mouvements, toutes les qualités extérieures ne sont
pas ce qu'il y a de plus noble dans un être animé ; et comme nous
préférons dans l'homme l'esprit à la figure, le courage à la force, les
sentiments à la beauté, nous jugeons aussi que les qualités intérieures sont ce qu'il y a de plus relevé dans l'animal ; c'est par elles
qu'il diffère de l'automate, qu'il s'élève au-dessus du végétal, et
s'approche de nous : c'est le sentiment qui ennoblit son être, qui le
régit, qui le vivifie, qui commande aux organes, rend les membres
actifs, fait naître le désir, et donne à la matière le mouvement pro-
gressif, la volonté, la vie.

La perfection de l'animal dépend donc de la perfection du sentiment ; plus il est étendu, plus l'animal a de facultés et de ressources ; plus il existe, plus il a de rapports avec le reste de l'univers ;
et lorsque le sentiment est délicat, exquis, lorsqu'il peut encore être
perfectionné par l'éducation, l'animal devient digne d'entrer en société avec l'homme ; il sait concourir à ses desseins, veiller à sa
sûreté, l'aider, le défendre, le flatter ; il sait, par des services assi-

dus, par des caresses réitérées, se concilier son maître, le captiver,
et de son tyran se faire un protecteur.

Le chien, indépendamment de la beauté de sa forme, de la vivacité, de la force, de la légèreté, a par excellence toutes les qualités
intérieures qui peuvent lui attirer les regards de l'homme. Un naturel ardent, colère, même féroce et sanguinaire, rend le chien sauvage redoutable à tous les animaux, et cède dans le chien domestique aux sentiments les plus doux, au plaisir de s'attacher, et au désir de plaire ; il vient en rampant mettre aux pieds de son maître
son courage, sa force, ses talents ; il attend ses ordres pour en faire
usage ; il le consulte , il l'interroge, il le supplie ; un coup d'œil
suffit, il entend les signes de sa volonté. Sans avoir, comme
l'homme, la lumière de la pensée, il a toute la chaleur du sentiment ;
il a de plus que lui la fidélité, la constance dans ses affections :
nulle ambition, nul intérêt, nul désir de vengeance, nulle crainte
que celle de déplaire, il est tout zèle, tout ardeur et tout obéissance. Plus sensible au souvenir des bienfaits qu'à celui des outra-
ges, il ne se rebute pas par les mauvais traitements ; il les subit,
les oublie, ou ne s'en souvient que pour s'attacher davantage : loin
de s'irriter ou de fuir, il s'expose de lui-même à de nouvelles épreu-
ves ; il lèche cette main, instrument de douleur, qui vient de le
frapper ; il ne lui oppose que la plainte, et la désarme enfin par la
patience et la soumission.

Plus docile que l'homme, plus souple qu'aucun des animaux,
non seulement le chien s'instruit en peu de temps, mais même il se
conforme aux mouvements, aux manières, à toutes les habitudes de

Les chiens du Saint-Bernard.

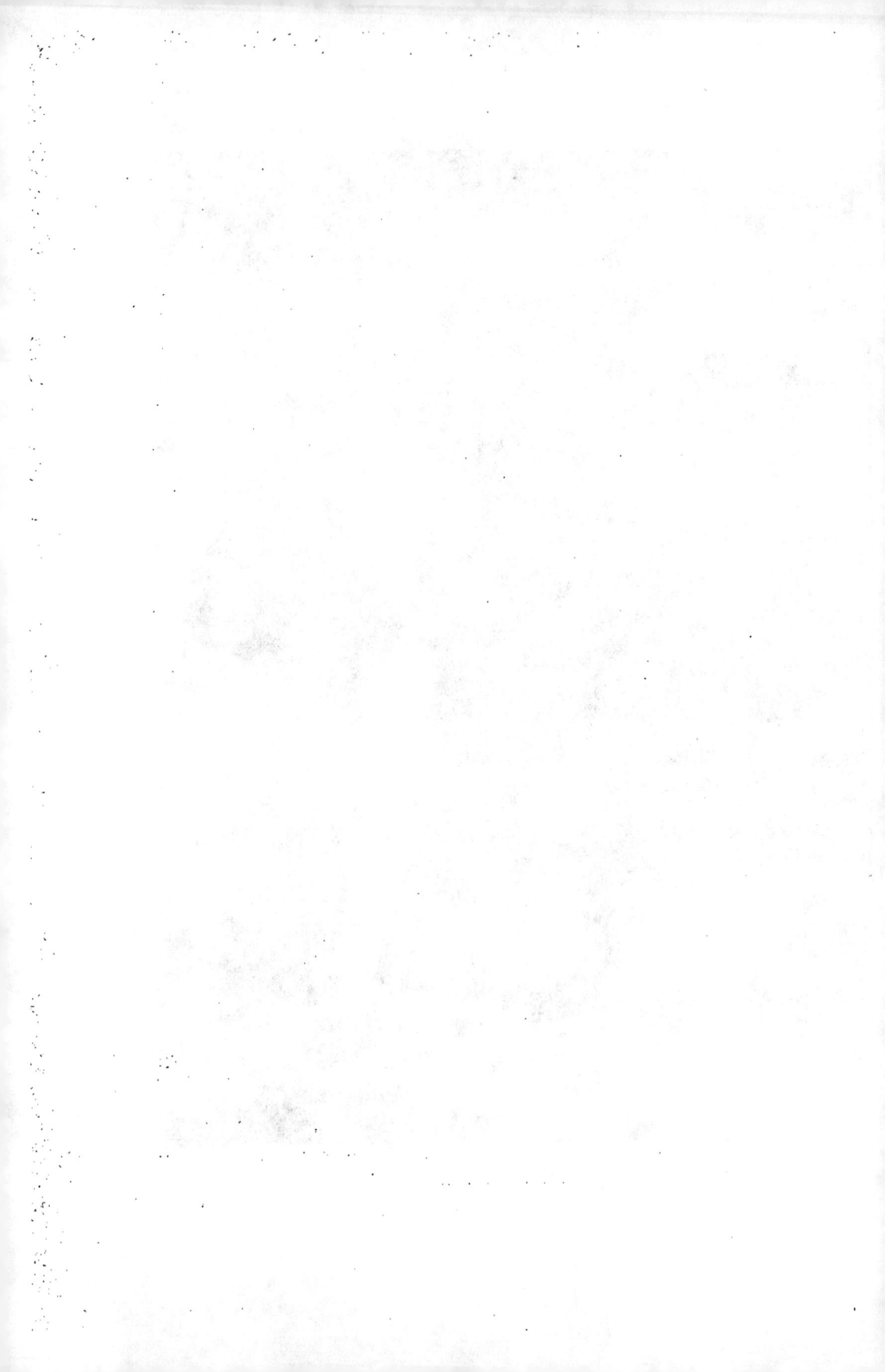

ceux qui lui commandent : il prend le ton de la maison qu'il habite ; comme les autres domestiques, il est dédaigneux chez les grands, et rustre à la campagne. Toujours empressé pour son maître et prévenant pour ses seuls amis, il ne fait aucune attention aux gens indifférents, et se déclare contre ceux qui par état ne sont faits que pour importuner ; il les connaît aux vêtements, à la voix, à leurs gestes, et les empêche d'approcher. Lorsqu'on lui a confié pendant la nuit la garde de la maison, il devient plus fier, et quelquefois féroce ; il veille, il fait la ronde ; il sent de loin les étrangers ; et, pour peu qu'ils s'arrêtent ou tentent de franchir les barrières, il s'élance, s'oppose, et, par des aboiements réitérés, des efforts et des cris de colère, il donne l'alarme, avertit et combat : aussi furieux contre les hommes de proie que contre les animaux carnassiers, il se précipite sur eux, les blesse, les déchire, leur ôte ce qu'ils s'efforçaient d'enlever ; mais, content d'avoir vaincu, il se repose sur les dépouilles, n'y touche pas, même pour satisfaire son appétit, et donne en même temps des exemples de courage, de tempérance et de fidélité.

On sentira de quelle importance cette espèce est dans l'ordre de la nature, en supposant un instant qu'elle n'eût jamais existé. Comment l'homme aurait-il pu, sans le secours du chien, conquérir, dompter, réduire en esclavage les autres animaux ? Comment pourrait-il encore aujourd'hui découvrir, chasser, détruire les bêtes sauvages et nuisibles? Pour se mettre en sûreté, et pour se rendre maître de l'univers vivant, il a fallu commencer par se faire un parti parmi les animaux, se concilier avec douceur et par caresses ceux qui se sont trouvés capables de s'attacher et d'obéir, afin de les opposer aux autres. Le premier art de l'homme a donc été l'éducation du chien, et le fruit de cet art, la conquête et la possession paisible de la terre.

La plupart des animaux ont plus d'agilité, plus de vitesse, plus de force, et même plus de courage que l'homme : la nature les a mieux munis, mieux armés. Ils ont aussi les sens, et surtout l'odorat, plus parfaits. Avoir gagné une espèce courageuse et docile comme celle du chien, c'est avoir acquis de nouveaux sens et les facultés qui nous manquent. Les machines, les instruments que nous avons imaginés pour perfectionner nos autres sens, pour en augmenter l'étendue, n'approchent pas, même pour l'utilité, de ces machines toutes faites que la nature nous présente, et qui, en suppléant à l'imperfection de notre odorat, nous ont fourni de grands et d'éternels moyens de vaincre et de régner ; et le chien, fidèle à l'homme, conservera toujours une portion de l'empire, un degré de supériorité sur les autres animaux ; il leur commande, il règne lui-même à la tête d'un troupeau ; il s'y fait mieux entendre que la voix du berger ; la sûreté, l'ordre et la discipline sont les fruits de sa vigilance et de son activité ; c'est un peuple qui lui est soumis, qu'il conduit, qu'il protège, et contre lequel il n'emploie jamais la force que pour y maintenir la paix. Mais c'est surtout à la guerre, c'est contre les animaux ennemis ou indépendants qu'éclate son courage, et que son intelligence se déploie tout entière : les talents naturels se réunissent ici aux qualités acquises. Dès que le bruit des armes se fait entendre, dès que le son du cor ou la voix du chasseur a donné le signal d'une guerre prochaine, brillant d'une ardeur nouvelle, le chien marque sa joie par les plus vifs transports ; il annonce, par ses mouvements et par ses cris, l'impatience de combattre et le désir de vaincre ; marchant ensuite en silence, il cherche à reconnaître le pays, à découvrir, à surprendre l'ennemi dans son fort ; il recherche ses traces, il les suit pas à pas, et, par des accents différents, indique le temps, la distance, l'espèce, et même l'âge de celui qu'il poursuit.

Intimidé, pressé, désespérant de trouver son salut dans la fuite, l'animal se sert aussi de toutes ses facultés ; il oppose la ruse à la sagacité. Jamais les ressources de l'instinct ne furent plus admirables : pour faire perdre sa trace, il va, vient, et revient sur ses pas ; il fait des bonds, il voudrait se détacher de la terre et supprimer les espaces ; il franchit d'un saut les routes, les haies ; passe à la nage les ruisseaux, les rivières ; mais, toujours poursuivi, et ne pouvant anéantir son corps, il cherche à en mettre un autre à sa place, il va lui-même troubler le repos d'un voisin plus jeune et moins expérimenté, le faire lever, marcher, fuir avec lui ; et lorsqu'ils ont confondu leurs traces, lorsqu'il croit l'avoir substitué à sa mauvaise fortune, il le quitte plus brusquement encore qu'il ne l'a joint, afin de le rendre seul l'objet et la victime de l'ennemi trompé.

Mais le chien, par cette supériorité que donnent l'exercice et l'éducation, par cette finesse de sentiment qui n'appartient qu'à lui, ne perd pas l'objet de sa poursuite ; il démêle les points communs, délie les nœuds du fil tortueux qui seul peut y conduire ; il voit de l'odorat tous les détours du labyrinthe, toutes les fausses routes où l'on a voulu l'égarer ; et, loin d'abandonner l'ennemi pour un indifférent, après avoir triomphé de la ruse, il s'indigne, il redouble d'ardeur, arrive enfin, l'attaque, et, le mettant à mort, étanche dans le sang sa soif et sa haine.

Le penchant pour la chasse ou la guerre nous est commun avec les animaux : l'homme sauvage ne sait que combattre et chasser. Tous les animaux qui aiment la chair, et qui ont de la force et des armes, chassent naturellement. Le lion, le tigre, dont la force est si grande qu'ils sont sûrs de vaincre, chassent seuls et sans art ; les loups, les renards, les chiens sauvages, se réunissent, s'entendent, s'aident, se relayent, et partagent la proie ; et lorsque l'éducation a perfectionné ce talent naturel dans le chien domestique, lorsqu'on lui a appris à réprimer son ardeur, à mesurer ses mouvements, qu'on l'a accoutumé à une marche régulière et à l'espèce de discipline nécessaire à cet art, il chasse avec méthode, et toujours avec succès.

Dans les pays déserts, dans les contrées dépeuplées, il y a des chiens sauvages qui, pour les mœurs, ne diffèrent des loups que par la facilité qu'on trouve à les apprivoiser ; ils se réunissent aussi en plus grandes troupes pour chasser et attaquer en force les sangliers, les taureaux sauvages et même les lions et les tigres. En Amérique, ces chiens sauvages sont de races anciennement domestiques ; ils y ont été transportés d'Europe, et quelques-uns, ayant été oubliés ou abandonnés dans ces déserts, s'y sont multipliés au point qu'ils se répandent par troupes dans les contrées habitées, où ils attaquent le bétail et insultent même les hommes. On est donc obligé de les écarter par la force, et de les tuer comme les autres bêtes féroces ; et les chiens sont tels en effet tant qu'ils ne connaissent pas les hommes ; mais lorsqu'on les approche avec douceur, ils s'adoucissent, deviennent bientôt familiers, et demeurent fidèlement attachés à leurs maîtres ; au lieu que le loup, quoique pris jeune et élevé dans les maisons, n'est doux que dans le premier âge, ne perd jamais son goût pour la proie, et se livre tôt ou tard à son penchant pour la rapine et la destruction.

L'on peut dire que le chien est le seul animal dont la fidélité soit à l'épreuve ; le seul qui connaisse toujours son maître et les amis de la maison ; le seul qui, lorsqu'il arrive un inconnu, s'en aperçoive ; le seul qui entende son nom, et qui reconnaisse la voix domestique ; le seul qui ne se confie point à lui-même ; le seul qui, lorsqu'il a perdu son maître et qu'il ne peut le trouver, l'appelle par ses gémissements ; le seul qui, dans un voyage long qu'il n'aura fait qu'une fois, se souvienne du chemin et retrouve la route ; le seul enfin dont les talents naturels soient évidents et l'éducation toujours heureuse.

Et de même que de tous les animaux le chien est celui dont le naturel est le plus susceptible d'impression et se modifie le plus aisément par les causes morales, il est aussi de tous celui dont la nature est le plus sujette aux variétés et aux altérations causées par les influences physiques : le tempérament, les facultés, les habitudes du corps, varient prodigieusement : la forme même n'est pas constante : dans le même pays, un chien est très différent d'un

autre chien, et l'espèce est pour ainsi dire toute différente d'elle-
même dans les différents climats. De là cette confusion,
ce mélange, et cette variété de races si nombreuses, qu'on ne
peut en faire l'énumération ; de là ces différences si marquées pour
la grandeur de la taille, la figure du corps, l'allongement du museau,
la forme de la tête, la longueur et la direction des oreilles et de la
queue, la couleur, la qualité, la quantité du poil.

On peut présumer avec quelque vraisemblance que le chien de
berger est de tous les chiens celui qui approche le plus de la race
primitive de cette espèce, puisque dans tous les pays habités par
des hommes sauvages, ou même à demi civilisés, les chiens ressemblent à cette sorte de chiens plus qu'à aucune autre ; que, dans le
continent entier du nouveau monde, il n'y en avait pas d'autres ;
qu'on les retrouve seuls de même au nord et au midi de notre continent ; et qu'en France, où on les appelle communément *chiens de
Brie*, et dans les autres climats tempérés, ils sont encore en grand
nombre, quoiqu'on se soit beaucoup plus occupé à faire naître ou
multiplier les autres races qui avaient plus d'agréments, qu'à conserver celle-ci, qui n'a que de l'utilité, et qu'on a par cette raison
dédaignée, et abandonnée aux paysans chargés du soin des troupeaux. Si l'on considère aussi que ce chien, malgré sa laideur et son
air triste et sauvage, est cependant supérieur par l'instinct à tous les
autres chiens ; qu'il a un caractère décidé auquel l'éducation n'a
point de part ; qu'il est le seul qui naisse pour ainsi dire tout
élevé, et que, guidé par le seul naturel, il s'attache de lui-même à la
garde des troupeaux avec une assiduité, une vigilance, une fidélité

singulières; qu'il les conduit avec une intelligence admirable et non
communiquée; que ses talents font l'étonnement et le repos de son
maître, tandis qu'il faut au contraire beaucoup de temps et de peine
pour instruire les autres chiens, et les dresser aux usages auxquels
on les destine ; on se confirmera dans l'opinion que ce chien est le
vrai chien de la nature, celui qu'elle nous a donné pour la plus
grande utilité, celui qui a le plus de rapport avec l'ordre général des
êtres vivants, qui ont mutuellement besoin les uns des autres ; celui
enfin qu'on doit regarder comme la souche et le modèle de l'espèce
entière.

Et de même que l'espèce humaine paraît agreste, contrefaite et
rapetissée dans les climats glacés du Nord ; qu'on ne trouve d'a-
bord que de petits hommes fort laids en Laponie, en Groënland,
et dans tous les pays où le froid est excessif, mais qu'ensuite dans
le climat voisin et moins rigoureux on voit tout à coup paraître la
belle race des Finlandais, des Danois, etc., qui, par leur figure, leur
couleur, et leur grande taille, sont peut-être les plus beaux de tous
les hommes ; on trouve aussi dans l'espèce des chiens le même
ordre et les mêmes rapports. Les chiens de Laponie sont très laids,
très petits, et n'ont pas plus d'un pied de longueur. Ceux de Sibérie,
quoique moins laids, ont encore les oreilles droites, l'air agreste et
sauvage, tandis que dans le climat voisin, où l'on trouve les beaux
hommes dont nous venons de parler, on trouve aussi les chiens de
la plus belle et de la plus grande taille. Les chiens de Tartarie, d'Albanie, du nord de la Grèce, du Danemark, de l'Irlande, sont les
plus grands, les plus forts et les plus puissants de tous les chiens : on

s'en sert pour tirer des voitures. Ces chiens, que nous appelons *chiens d'Irlande*, ont une origine très ancienne, et se sont maintenus, quoique en petit nombre, dans le climat dont ils sont originaires. Les anciens les appelaient chiens d'Épire, chiens d'Albanie ; et Pline rapporte, en termes aussi élégants qu'énergiques, le combat d'un de ces chiens contre un lion, et ensuite contre un éléphant. Ces chiens sont beaucoup plus grands que nos plus grands mâtins. Comme ils sont fort rares en France, je n'en ai jamais vu qu'un, qui me parut avoir, tout assis, près de cinq pieds de hauteur, et ressemblait pour la forme au chien que nous appelons *grand danois* ; mais il en différait beaucoup par l'énormité de sa taille : il était tout blanc, et d'un naturel doux et tranquille. On trouve ensuite dans les endroits plus tempérés, comme en Angleterre, en France, en Allemagne, en Espagne, en Italie, des hommes et des chiens de toutes sortes de races.

Le grand danois, le mâtin et le lévrier, quoique différents au premier coup d'œil, ne font cependant que le même chien : le grand danois n'est qu'un mâtin plus fourni, plus étoffé ; le lévrier, un mâtin plus délié, plus effilé, et tous deux plus soignés ; et il n'y a pas plus de différence entre un chien grand danois, un mâtin et un lévrier, qu'entre un Hollandais, un Français et un Italien. En supposant donc le mâtin originaire ou plutôt naturel de France, il aura produit le grand danois dans un climat plus froid, et le lévrier dans un climat plus chaud : et c'est ce qui se trouve aussi vérifié par le fait ; car les grands danois nous viennent du Nord, et les lévriers nous viennent de Constantinople et du Levant. Le chien de berger, le chien-loup, l'autre espèce de chien-loup que nous appellerons chien de Sibérie, ne font aussi tous trois qu'un même chien : on pourrait même y joindre le chien de Laponie, celui du Canada, celui des Hottentots, et tous les autres chiens qui ont les oreilles droites; ils ne diffèrent en effet du chien de berger que par la taille, et parce qu'ils sont plus ou moins étoffés, et que leur poil est plus ou moins rude, plus ou moins long, et plus ou moins fourni. Le chien courant, le braque, le basset, le barbet, et même l'épagneul, peuvent encore être regardés comme ne faisant tous qu'un même chien : leur forme et leur instinct sont à peu près les mêmes, et ils ne diffèrent entre eux que par la hauteur des jambes et par l'ampleur des oreilles, qui, dans tous, sont cependant longues, molles et pendantes. Ces chiens sont naturels à ce climat, et je ne crois pas qu'on doive en séparer le braque, qu'on appelle *chien de Bengale,* qui ne diffère de notre braque que par la robe.

L'Angleterre, la France et l'Allemagne paraissent avoir produit le chien courant, le braque et le basset ; ces chiens même dégénèrent dès qu'ils sont portés dans des climats plus chauds, comme en Turquie, en Perse ; mais les épagneuls et les barbets sont originaires d'Espagne et de Barbarie, où la température du climat fait que le poil de tous les animaux est plus long, plus soyeux et plus fin que dans tous les autres pays. Le dogue, le chien que l'on appelle petit *danois* (mais fort improprement, puisqu'il n'a d'autre rapport avec le grand danois que d'avoir le poil court), le chien turc, et, si l'on veut encore, le chien d'Islande, ne font aussi qu'un même chien, qui, transporté dans un climat très froid comme l'Islande, aura pris une forte fourrure de poils, et dans les climats très chauds de l'Afrique et des Indes aura quitté sa robe ; car le chien sans poil, appelé *chien turc*, est encore mal nommé : ce n'est point dans le climat tempéré de la Turquie que les chiens perdent leur poil ; c'est en Guinée et dans les climats les plus chauds des Indes que ce changement arrive, et le chien turc n'est autre chose qu'un petit danois, qui, transporté dans les pays excessivement chauds, aura perdu son poil, et dont la race aura ensuite été transportée en Turquie, où l'on aura eu soin de les multiplier. Les premiers que l'on ait vus en Europe furent apportés en Italie, où cependant ils ne purent ni durer ni multiplier, parce que le climat était beaucoup trop froid pour eux ; mais comme on ne donne pas la description de ces chiens nus, nous ne savons pas s'ils étaient semblables à ceux que nous appelons aujourd'hui *chiens turcs*, et si l'on peut par conséquent les rapporter au petit danois, parce que tous les chiens, de quelque race et de quelque pays qu'ils soient, perdent leur poil dans les climats excessivement chauds, et, comme nous l'avons dit, ils perdent aussi leur voix. Dans de certains pays, ils sont tout à fait muets, dans d'autres ils ne perdent que la faculté d'aboyer ; ils hurlent comme les loups, ou glapissent comme les renards. Ils semblent par cette altération se rapprocher de leur état de nature ; car ils changent aussi pour la forme et pour l'instinct : ils deviennent laids, et prennent tous des oreilles droites et pointues. Ce n'est aussi que dans les climats tempérés que les chiens conservent leur ardeur, leur sagacité, et les autres talents qui leur sont naturels. Ils perdent donc tout lorsqu'on les transporte dans des

climats trop chauds ; mais, comme si la nature ne voulait jamais
rien faire d'absolument inutile, il se trouve que, dans ces mêmes
pays où les chiens ne peuvent plus servir à aucun des usages auxquels nous les employons, on les recherche pour la table, et que les
nègres en préfèrent la chair à celle de tous les autres animaux. On
conduit les chiens au marché pour les vendre, on les achète plus
cher que le mouton, le chevreau, plus cher même que tout autre
gibier ; enfin le mets le plus délicieux d'un festin chez les nègres
est un chien rôti. On pourrait croire que le goût si décidé qu'ont
ces peuples pour la chair de cet animal vient du changement de
qualité de cette même chair, qui, quoique très mauvaise à manger
dans nos climats tempérés, acquiert peut-être un autre goût dans ces
climats brûlants ; mais ce qui me fait penser que cela dépend plutôt
de la nature de l'homme que de celle du chien, c'est que les sauvages du Canada, qui habitent un pays froid, ont le même goût que
les nègres pour la chair du chien, et que nos missionnaires en ont
quelquefois mangé sans dégoût.

Nous connaissons trente variétés dans l'espèce du chien, et assurément nous ne les connaissons pas toutes. De ces trente variétés, il
y en a dix-sept que l'on doit rapporter à l'influence du climat, savoir :
le chien de berger, le chien-loup, le chien de Sibérie, le chien d'Islande
et le chien de Laponie, le mâtin, les lévriers, le grand danois et le chien
d'Irlande ; le chien courant, les braques, les bassets, les épagneuls
et le barbet ; le petit danois, le chien turc et le dogue ; les treize
autres, qui sont le chien turc métis, le lévrier à poil de loup, le chien
bouffe, le chien de Malte ou bichon, le roquet, le dogue de forte race,

le doguin ou mopse, le chien de Calabre, le burgos, le chien d'Alicante, le chien-lion, le petit-barbet, et le chien qu'on appelle artois, issois ou quatre-vingts, ne sont que des métis qui proviennent du mélange des premiers ; et en rapportant chacun de ces chiens métis aux deux races dont ils sont issus, leur nature est dès lors assez connue. Mais, à l'égard des dix-sept premières races, si l'on veut connaître les rapports qu'elles peuvent avoir entre elles, il faut avoir égard à l'instinct, à la forme et à plusieurs autres circonstances. J'ai mis ensemble le chien de berger, le chien-loup, le chien de Sibérie, le chien de Laponie et le chien d'Islande, parce qu'ils se ressemblent plus qu'ils ne ressemblent aux autres par la figure et par le poil, qu'ils ont tous cinq le museau pointu à peu près comme le renard, qu'ils sont les seuls qui aient les oreilles droites, et que leur instinct les porte à suivre et garder les troupeaux. Le mâtin, le lévrier, le grand danois et le chien d'Irlande ont, outre la ressemblance de la forme et du long museau, le même naturel ; ils aiment à courir, à suivre les chevaux, les équipages ; ils ont peu de nez, et chassent plutôt à vue qu'à l'odorat. Les vrais chiens de chasse sont les chiens courants, les braques, les bassets, les épagneuls et les barbets : quoiqu'ils diffèrent un peu par la forme du corps, ils ont cependant tous le museau gros ; et comme leur instinct est le même, on ne peut guère se tromper en les mettant ensemble. L'épagneul, par exemple, a été appelé par quelques naturalistes *canis aviarius terrestris*, et le barbet, *canis aviarius aquaticus* ; et, en effet, la seule différence qu'il y ait dans le naturel de ces deux chiens, c'est que le barbet, avec son poil touffu, long et frisé, va plus volontiers à l'eau que l'épagneul, qui a le poil

Le procès des Chiens. Dessin de Freeman, d'après Landseer.

lisse et moins fourni, ou que les trois autres, qui l'ont trop court et trop clair pour ne pas craindre de se mouiller la peau. Enfin le petit danois et le chien turc ne peuvent manquer d'aller ensemble, puisqu'il est avéré que le chien turc n'est qu'un petit danois qui a perdu son poil. Il ne reste que le dogue qui, par son museau court, semble se rapprocher du petit danois plus que d'aucun autre chien, mais qui en diffère à tant d'autres égards, qui paraît seul former une variété différente de toutes les autres, tant pour la forme que pour l'instinct. Il semble aussi affecter un climat particulier : il vient d'Angleterre, et l'on a peine à en maintenir la race en France ; les métis qui en proviennent, et qui sont le dogue de forte race et le doguin, y réussissent mieux. Tous ces chiens ont le nez si court, qu'ils ont peu d'odorat, et souvent beaucoup d'odeur. Il paraît aussi que la finesse de l'odorat, dans les chiens, dépend de la grosseur plus que de la longueur du museau, parce que le lévrier, le mâtin et le grand danois, qui ont le museau fort allongé, ont beaucoup moins de nez que le chien courant, le braque et le basset, et même que l'épagneul et le barbet, qui ont tous, à proportion de leur taille, le museau moins long, mais plus gros que les premiers.

La plus ou moins grande perfection des sens, qui ne fait pas dans l'homme une qualité éminente ni même remarquable, fait dans les animaux tout leur mérite, et produit comme cause tous les talents dont leur nature peut être susceptible. Je n'entreprendrai pas de faire ici l'énumération de toutes les qualités d'un chien de chasse ; on sait assez combien l'excellence de l'odorat, jointe à l'éducation, lui donne d'avantage et de supériorité sur les autres animaux ; mais ces

---

détails n'appartiennent que de loin à l'histoire naturelle ; et d'ailleurs les ruses et les moyens, quoique émanés de la simple nature, que les animaux sauvages mettent en œuvre pour se dérober à la recherche ou pour éviter la poursuite et les atteintes des chiens, sont peut-être plus merveilleux que les méthodes les plus fines de l'art de la chasse.

La durée de la vie est, dans le chien, comme dans les autres animaux, proportionnelle au temps de l'accroissement : il est environ deux ans à croître, il vit aussi sept fois deux ans. L'on peut connaître son âge par les dents, qui, dans la jeunesse, sont blanches, tranchantes et pointues, et qui, à mesure qu'il vieillit, deviennent noires, mousses et inégales. On le connaît aussi par le poil ; car il blanchit sur le museau, sur le front et autour des yeux.

Ces animaux, qui, de leur naturel, sont très vigilants, très actifs, et qui sont faits pour le plus grand mouvement, deviennent dans nos maisons, par la surcharge de la nourriture, si pesants et si paresseux, qu'ils passent toute leur vie à ronfler, dormir et manger. Ce sommeil presque continuel est accompagné de rêves, et c'est peut-être une douce manière d'exister. Ils sont naturellement voraces ou gourmands, et cependant ils peuvent se passer de nourriture pendant longtemps. Il y a dans les *Mémoires de l'Académie des Sciences* l'histoire d'une chienne qui, ayant été oubliée dans une maison de campagne, a vécu quarante jours sans autre nourriture que l'étoffe ou la laine d'un matelas qu'elle avait déchiré. Il paraît que l'eau leur est encore plus nécessaire que la nourriture. Ils boivent souvent et abondamment ; on croit même vulgairement que quand ils manquent d'eau pendant longtemps, ils deviennent enragés.

Le chien de berger peut être considéré comme le vrai chien de nature, et la souche commune de toutes les autres races. Ce chien, transporté dans les climats rigoureux du Nord, s'est enlaidi et rapetissé chez les Lapons, et paraît s'être maintenu et même perfectionné en Islande, en Russie, en Sibérie, dont le climat est un peu moins rigoureux, et où les peuples sont un peu plus civilisés. Ces changements sont arrivés par la seule influence de ces climats, qui n'a pas produit une grande altération dans la forme ; car tous ces chiens ont les oreilles droites, le poil épais et long, l'air sauvage ; et ils n'aboient pas aussi fréquemment ni de la même manière que ceux qui, dans les climats plus favorables, se sont perfectionnés davantage. Le chien d'Islande est le seul qui n'ait pas les oreilles entièrement droites ; elles sont un peu pliées par leur extrémité : aussi l'Islande est de tous ces pays du Nord l'un des plus anciennement habités par des hommes à demi civilisés.

Le même chien de berger, transporté dans des climats tempérés et chez des peuples entièrement policés, comme en Angleterre, en France, en Allemagne, aura perdu son air sauvage, ses oreilles droites, son poil rude, épais et long, et sera devenu dogue, chien courant et mâtin, par la seule influence de ces climats. Le mâtin et le dogue ont encore les oreilles en partie droites ; elles ne sont qu'à demi pendantes, et ils ressemblent assez par leurs mœurs et par leur naturel sanguinaire au chien duquel ils tirent leur origine. Le chien courant est celui des trois qui s'en éloigne le plus : les oreilles longues, entièrement pendantes, la douceur, la docilité, et, si on peut le dire, la timidité de ce chien, sont autant de preuves de la grande dégénération, ou, si l'on veut, de la grande perfection qu'a produite une longue domesticité, jointe à une éducation soignée et suivie.

Le chien courant, le braque et le basset ne font qu'une seule et même race de chiens.

Le chien courant, transporté en Espagne et en Barbarie, où presque tous les animaux ont le poil fin, long et fourni, sera devenu épagneul et barbet; le grand et le petit épagneul, qui ne diffèrent que par la taille, transportés en Angleterre, ont changé de couleur du blanc au noir, et sont devenus, par l'influence du climat, grand et petit gredins, auxquels on doit joindre le pyrame, qui n'est qu'un gredin noir comme les autres, mais marqué de feu aux quatre pattes, aux yeux et au museau.

Le mâtin, transporté au Nord, est devenu grand danois, et, transporté au Midi, est devenu lévrier. Les grands lévriers viennent du Levant; ceux de taille médiocre, d'Italie; et ces lévriers d'Italie, transportés en Angleterre, sont devenus lévrons, c'est-à-dire lévrier encore plus petit.

Le grand danois, transporté en Irlande, en Ukraine, en Tartarie, en Épire, en Albanie, est devenu chien d'Irlande, et c'est le plus grand de tous les chiens.

Le dogue, transporté d'Angleterre en Danemark, est devenu petit danois ; et ce même petit danois, transporté dans les climats chauds, est devenu chien turc. Toutes ces races, avec leurs variétés, n'ont été produites que par l'influence du climat, jointe à la douceur de l'abri, à l'effet de la nourriture, et aux résultats d'une éducation soignée. Les autres chiens ne sont pas de races pures, et proviennent du mélange de ces premières races. J'ai marqué par des lignes ponctuées la double origine de ces races métives.

Le lévrier et le mâtin ont produit le lévrier métis, que l'on appelle aussi *lévrier à poil de loup*. Ce métis a le museau moins effilé que le grand lévrier, qui est très rare en France.

Le grand danois et le grand épagneul ont produit ensemble le chien de Calabre, qui est un beau chien à longs poils touffus et plus grand par la taille que les plus gros mâtins.

L'épagneul et le basset produisent un autre chien que l'on appelle *burgos*.

L'épagneul et le petit danois produisent le chien-lion, qui est maintenant fort rare.

Les chiens à longs poils, fins et frisés, qu'on appelle bouffes, et qui sont de la taille des plus grands barbets, viennent du grand épagneul et du barbet.

Le petit barbet vient du petit épagneul et du barbet.

Le dogue produit avec le mâtin un chien métis que l'on appelle *dogue de forte race*, qui est beaucoup plus gros que le vrai dogue, ou dogue d'Angleterre, et qui tient plus du dogue que du mâtin.

Le doguin vient du dogue d'Angleterre et du petit danois.

Tous ces chiens sont des métis simples, et viennent du mélange de deux races pures, mais il y a encore d'autres chiens qu'on pourrait appeler *doubles métis*, parce qu'ils viennent du mélange d'une race pure et d'une race déjà mêlée.

Le roquet est un double métis qui vient du doguin et du petit danois.

Le chien d'Alicante est aussi un double métis qui vient du doguin et du petit épagneul.

Le chien de Malte ou bichon est encore un double métis qui vient du petit épagneul et du petit barbet.

Enfin il y a des chiens qu'on pourrait appeler *triples métis*, parce qu'ils viennent du mélange de deux races déjà mêlées toutes deux : tel est le chien d'Artois qui vient du doguin et du roquet; tels sont encore les chiens qu'on appelle vulgairement *chiens des rues*, qui ressemblent à tous les chiens en général, sans ressembler à aucun en particulier, parce qu'ils proviennent du mélange des races déjà plusieurs fois mêlées.

LE CHAT

Le chat est un domestique infidèle qu'on ne garde que par nécessité, que pour l'opposer à un autre ennemi domestique encore plus
incommode, et qu'on ne peut chasser : car nous ne comptons pas
les gens qui, ayant du goût pour toutes les bêtes, n'élèvent les
chats que pour s'en amuser : l'un est l'usage, l'autre l'abus ; et
quoique ces animaux, surtout quand ils sont jeunes, aient de la
gentillesse, ils ont en même temps une malice innée, un caractère faux, un naturel pervers, que l'âge augmente encore, et que
l'éducation ne fait que masquer. De voleurs déterminés ils deviennent seulement, lorsqu'ils sont bien élevés, souples et flatteurs comme les fripons ; ils ont la même adresse, la même subti-
lité, le même goût pour faire le mal, le même penchant à la petite
rapine ; comme eux, ils savent couvrir leur marche, dissimuler leur
dessein, épier les occasions, attendre, choisir l'instant de faire leur
coup, se dérober ensuite au châtiment, fuir et demeurer éloignés
jusqu'à ce qu'on les rappelle. Ils prennent aisément des habitudes de
société, mais jamais des mœurs. Ils n'ont que l'apparence de l'at-

tachement : on le voit à leurs mouvements obliques, à leurs yeux équivoques : ils ne regardent jamais en face la personne aimée ; soit défiance ou fausseté, ils prennent des détours pour en approcher, pour chercher des caresses auxquelles ils ne sont sensibles que pour le plaisir qu'elles leur font. Bien différent de cet animal fidèle dont tous les sentiments se rapportent à la personne de son maître, le chat ne paraît sentir que pour soi, n'aimer que sous condition, ne se prêter au commerce que pour en abuser ; et par cette convenance de naturel il est moins incompatible avec l'homme qu'avec le chien, dans lequel tout est sincère.

La forme du corps et le tempérament sont d'accord avec le naturel : le chat est joli, léger, adroit, propre ; il aime ses aises, il cherche les meubles les plus mollets pour s'y reposer et s'ébattre.

Les jeunes chats sont gais, vifs, jolis, et seraient aussi très propres à amuser les enfants, si les coups de patte n'étaient pas à craindre ; mais leur badinage, quoique toujours agréable et léger, n'est jamais innocent, et bientôt il se tourne en malice habituelle ; et comme ils ne peuvent exercer ces talents avec quelque avantage que sur les petits animaux, ils se mettent à l'affût près d'une cage, ils épient les oiseaux, les souris, les rats, et deviennent d'eux-mêmes, et sans y être dressés, plus habiles à la chasse que les chiens les mieux instruits. Leur naturel, ennemi de toute contrainte, les rend incapables d'une éducation suivie. On raconte néanmoins que des moines grecs de l'île de Chypre avaient dressé des chats à chasser, prendre et tuer les serpents dont cette île était infestée ; mais c'était plutôt par le goût général qu'ils ont pour la destruction que par obéissance

Frère et sœur, tableau de Girardet.

qu'ils chassaient ; car ils se plaisent à épier, attaquer, détruire assez
indifféremment tous les animaux faibles, comme les oiseaux , les
jeunes lapins, les levreaux, les rats, les souris, les mulots, les chau-
ves-souris, les taupes, les crapauds, les grenouilles, les lézards et les
serpents. Ils n'ont aucune docilité ; ils manquent aussi de la finesse
de l'odorat, qui, dans le chien, sont deux qualités éminentes : aussi
ne poursuivent-ils pas les animaux qu'ils ne voient plus ; ils ne les
chassent pas, mais ils les attendent, les attaquent par surprise , et,
après s'en être joués longtemps, ils les tuent sans aucune nécessité,
lors même qu'ils sont mieux nourris, et qu'ils n'ont aucun besoin de
cette proie pour satisfaire leur appétit.

La cause physique la plus immédiate de ce penchant qu'ils ont à
épier et surprendre les autres animaux vient de l'avantage que leur
donne la conformation particulière de leurs yeux. La pupille , dans
l'homme comme dans la plupart des animaux, est capable d'un certain degré de contraction et de dilatation : elle s'élargit un peu lorsque la lumière manque, et se rétrécit lorsqu'elle devient trop vive.
Dans l'œil du chat et des oiseaux de nuit, cette contraction et cette
dilatation sont si considérables, que la pupille, qui dans l'obscurité
est ronde et large, devient au grand jour longue et étroite comme une
ligne, et dès lors ces animaux voient mieux la nuit que le jour, comme
on le remarque dans les chouettes, les hiboux, etc. ; car la forme de
la pupille est toujours ronde dès qu'elle n'est pas contrainte. Il y a
donc contraction continuelle dans l'œil du chat pendant le jour , et
ce n'est pour ainsi dire que par effort qu'il voit à une grande lumière,
au lieu que dans le crépuscule, la pupille reprenant son état naturel,

il voit parfaitement, et profite de cet avantage pour reconnaître, attaquer et surprendre les autres animaux.

On ne peut pas dire que les chats, quoique habitants de nos maisons, soient des animaux entièrement domestiques : ceux qui sont le mieux apprivoisés n'en sont pas plus asservis ; on peut même dire qu'ils sont entièrement libres ; ils ne font que ce qu'ils veulent, et rien au monde ne serait capable de les retenir un instant de plus dans un lieu dont ils voudraient s'éloigner. D'ailleurs la plupart sont à demi sauvages, ne connaissent pas leurs maîtres, ne fréquentent que les greniers et les toits, et quelquefois la cuisine et l'office, lorsque la faim les presse. Quoiqu'on en élève plus que de chiens, comme on les rencontre rarement, ils ne font pas sensation pour le nombre : aussi prennent-ils moins d'attachement pour les personnes que pour les maisons : lorsqu'on les transporte à des distances assez considérables, comme à une lieue ou deux, ils reviennent d'eux-mêmes à leur grenier ; et c'est apparemment parce qu'ils en connaissent toutes les retraites à souris, toutes les issues, tous les passages, et que la peine du voyage est moindre que celle qu'il faudrait prendre pour acquérir les mêmes facilités dans un nouveau pays. Ils craignent l'eau, le froid et les mauvaises odeurs ; ils aiment à se tenir au soleil ; ils cherchent à se gîter dans les lieux les plus chauds, derrière les cheminées ou dans les fours. Ils aiment aussi les parfums, et se laissent volontiers prendre et caresser par les personnes qui en portent : l'odeur de cette plante que l'on appelle l'*herbe aux chats* les remue si fortement et si délicieusement, qu'ils en paraissent transportés de plaisir. On est obligé, pour conserver cette plante dans les jardins, de l'entourer d'un treillage fermé : les chats la sentent de loin, accourent pour s'y frotter, passent et repassent si souvent pardessus qu'ils la détruisent en peu de temps.

Les chats ne peuvent mâcher que lentement et difficilement : leurs dents sont si courtes et si mal posées, qu'elles ne leur servent qu'à déchirer et non pas à broyer les aliments : aussi cherchent-ils de préférence les viandes les plus tendres ; ils aiment le poisson, et le mangent cuit ou cru. Ils boivent fréquemment. Leur sommeil est léger, et ils dorment moins qu'ils ne font semblant de dormir. Ils marchent légèrement, presque toujours en silence et sans faire aucun bruit. Comme ils sont propres, et que leurs robe est toujours sèche et lustrée, leur poil s'électrise aisément, et l'on en voit sortir des étincelles dans l'obscurité, lorsqu'on le frotte avec la main. Leurs yeux aussi brillent dans les ténèbres, à peu près comme les diamants, qui réfléchissent au dehors, pendant la nuit, la lumière dont ils se sont pour ainsi dire imbibés pendant le jour.

Dans ce climation ne connaît qu'une espèce de chat sauvage, et il paraît, par le témoignage des voyageurs, que cette espèce se retrouve aussi dans presque tous les climats, sans être sujette à de grandes variétés. Il y en avait dans le continent du nouveau monde avant qu'on en eût fait la découverte : un chasseur en porta un, qu'il avait pris dans les bois, à Christophe Colomb. Ce chat était d'une grosseur ordinaire ; il avait le poil gris-brun, la queue très longue et très forte. Il y avait aussi de ces chats sauvages au Pérou, quoiqu'il n'y en eût point de domestiques ; il y en a au Canada, dans le pays

dés Illinois, etc. On en a vu dans plusieurs endroits de l'Afrique,
comme en Guinée, à la Côte d'Or, à Madagascar, où les naturels du
pays avaient même des chats domestiques ; au cap de Bonne-Espérance, où on dit qu'il se trouve aussi des chats sauvages de couleur bleue, quoiqu'en petit nombre. Ces chats bleus ou plutôt
couleur d'ardoise, se retrouvent en Asie. « Il y a en Perse une
« espèce de chats qui sont proprement de la province du Korazan ; leur
« grandeur et leur forme sont comme celle du chat ordinaire ; leur
« beauté consiste dans leur couleur et dans leur poil, qui est gris,
« sans aucune moucheture et sans nulle tache, d'une même couleur
« par tout le corps, si ce n'est qu'elle est un peu plus obscure sur le
« dos et sur la tête, et plus claire sur la poitrine et sur le ventre,
« qui va quelquefois jusqu'à la blancheur, avec ce tempérament
« agréable de clair obscur, comme parlent les peintres, qui, mêlés
« l'un dans l'autre, font un merveilleux effet ; de plus, leur poil est
« délié, fin, lustré, mollet, délicat comme la soie, et si long, que
« quoiqu'il ne soit pas hérissé, mais couché, il est annelé en quel-
« ques endroits, et particulièrement sous la gorge. Ces chats sont,
« entre les autres chats, ce que les barbets sont entre les chiens. Le plus
« curieux de leur corps est la queue, qui est fort longue, et toute cou-
‹ verte de poils longs de cinq ou six doigts : ils l'étendent et la ren-
« versent sur leur dos comme font les écureuils, la pointe en haut,
« en forme de panache. Ils sont fort privés. Les Portugais en ont
« porté de Perse jusqu'aux Indes. » On voit par cette description
que ces chats de Perse ressemblent par la couleur à ceux que nous
appelons *chats chartreux*, et qu'à la couleur près, ils ressemblent par-

faitement à ceux que nous appelons *chats d'Angora*. Il est donc vraisemblable que les chats du Korazan en Perse, le chat d'Angora en
Syrie et le chat chartreux, ne font qu'une même race, dont la beauté
vient de l'influence particulière du climat de Syrie, comme les chats
d'Espagne, qui sont rouges, blancs et noirs, et dont le poil est aussi
très doux et très lustré, doivent cette beauté à l'influence du climat
de l'Espagne. On peut dire en général que de tous les climats de la
terre habitable, celui d'Espagne et celui de Syrie sont les plus favorables à ces belles variétés de la nature : les moutons, les chèvres, les
chats, les lapins, etc., ont en Espagne et en Syrie la plus belle laine,
les plus beaux et les plus longs poils, les couleurs les plus agréables
et les plus variées ; il semble que ce climat adoucisse la nature et
embellisse la forme de tous les animaux. Le chat sauvage a les couleurs dures et le poil un peu rude, comme la plupart des autres animaux sauvages ; devenu domestique, le poil s'est radouci, les couleurs ont varié, et dans le climat favorable du Korazan et de la
Syrie, le poil est devenu plus long, plus fin, plus fourni, et les couleurs se sont uniformément adoucies ; le noir et le roux sont devenus d'un brun clair, le gris-brun est devenu gris cendré ; et en
comparant un chat sauvage de nos forêts avec un chat chartreux, on
verra qu'ils ne diffèrent en effet que par cette dégradation nuancée
de couleurs.

Dans le chat d'Espagne, qui n'est qu'une autre variété du chat
sauvage, les couleurs, au lieu de s'être affaiblies par nuances uniformes, comme dans le chat de Syrie, se sont, pour ainsi dire, exaltées
dans le climat d'Espagne, et sont devenues plus vives et plus tran-

chées ; le roux est devenu presque rouge, le brun est devenu noir, et le gris est devenu blanc. Ces chats, transportés aux îles de l'Amérique, ont conservé leurs belles couleurs, et n'ont pas dégénéré. « Il y a aux Antilles, dit un voyageur, grand nombre de chats qui « vraisemblablement y ont été apportés par les Espagnols : la plu- « part sont marqués de roux, de blanc et de noir. Plusieurs de nos « Français, après en avoir mangé la chair, emportent les peaux en « France pour les vendre. Ces chats, au commencement que nous « fûmes dans la Guadeloupe, étaient tellement accoutumés à se « repaître de perdrix, de tourterelles, de grives et d'autres petits « oiseaux, qu'ils ne daignaient pas regarder les rats ; mais le gibier « étant actuellement fort diminué, ils ont rompu la trêve avec les « rats, ils leur font bonne guerre. » En général, les chats ne sont pas, comme les chiens, sujets à s'altérer et à dégénérer lorsqu'on les transporte dans les climats chauds.

Nous terminerons ici l'histoire du chat, et en même temps l'histoire des animaux domestiques. Le cheval, l'âne, le bœuf, la brebis, la chèvre, le cochon, le chien et le chat, sont nos seuls animaux domestiques. Nous n'y joignons pas le chameau, l'éléphant, le renne, et les autres, qui, quoique domestiques ailleurs, n'en sont pas moins étrangers pour nous. D'ailleurs, comme le chat n'est, pour ainsi dire, qu'à demi domestique, il fait la nuance entre les animaux domestiques et les animaux sauvages ; car on ne doit pas mettre au nombre des domestiques, des voisins incommodes, tels que les souris, les rats, les taupes, qui, quoique habitants de nos maisons ou de nos jardins, n'en sont pas moins libres et sauvages, puisqu'au lieu d'être attachés et soumis à l'homme, ils le fuient, et que, dans leurs retraites obscures, ils conservent leurs mœurs, leurs habitudes et leur liberté tout entière.

On a vu dans l'histoire de chaque animal domestique combien l'éducation, l'abri, le soin, la main de l'homme, influent sur le naturel, sur les mœurs, et même sur la forme des animaux ; on a vu que ces causes , jointes à l'influence du climat, modifient, altèrent et changent les espèces, au point d'être différentes de ce qu'elles étaient originairement, et rendent les individus si différents entre eux dans le même temps et dans la même espèce, qu'on aurait raison de les regarder comme des animaux différents, s'ils ne conservaient pas la faculté de produire ensemble des individus féconds : ce qui fait le caractère essentiel et unique de l'espèce. On a vu que les différentes races de ces animaux domestiques suivent dans les différents climats le même ordre à peu près que les races humaines ; qu'ils sont, comme les hommes, plus forts, plus grands et plus courageux, dans les pays froids ; plus civilisés, plus doux, dans le climat tempéré ; plus lâches, plus faibles et plus laids, dans les climats trop chauds ; que c'est encore dans les climats tempérés et chez les peuples les plus policés que se trouvent la plus grande diversité, le plus grand mélange, et les plus nombreuses variétés dans chaque espèce.

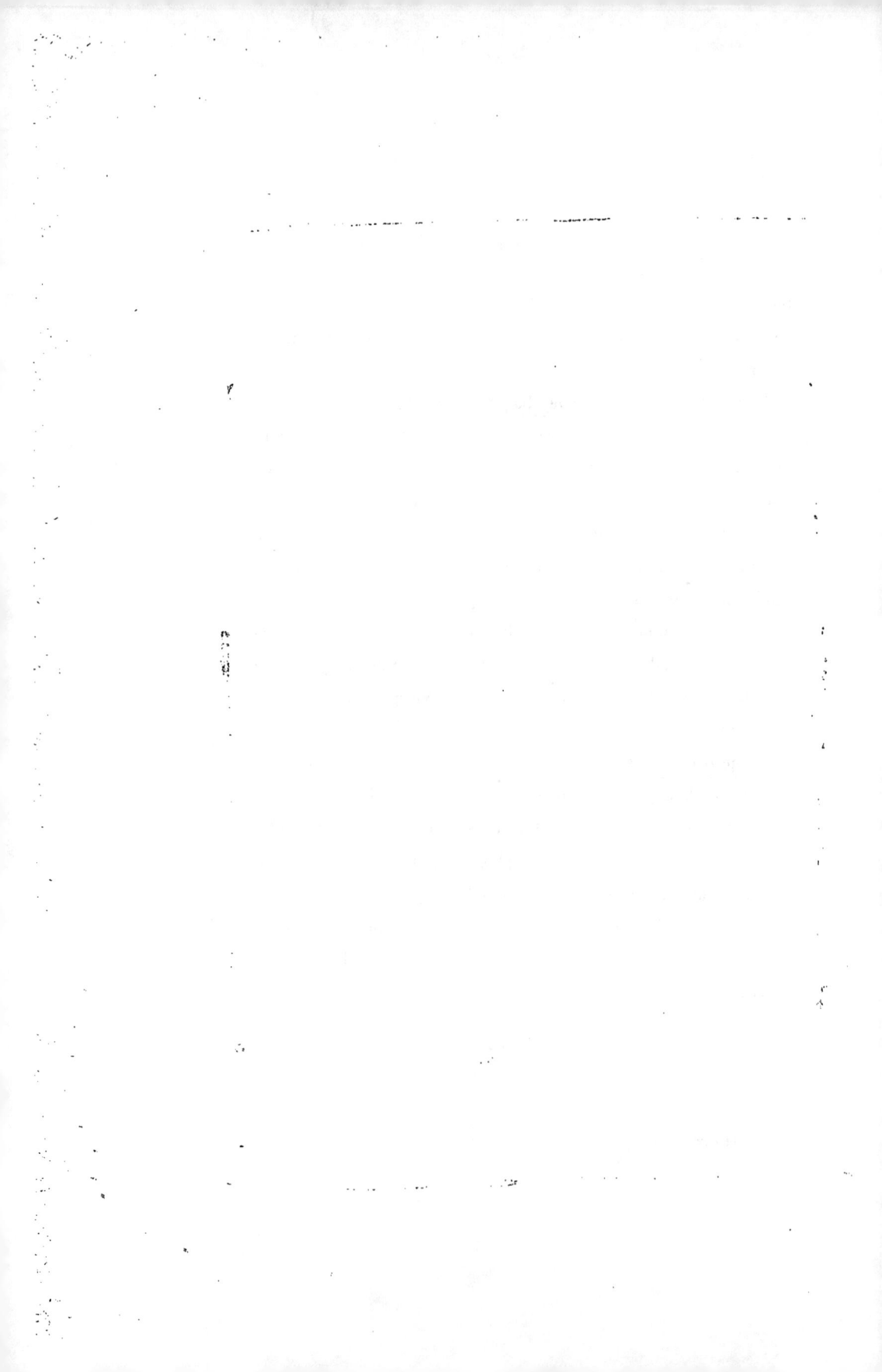

LES ANIMAUX CARNASSIERS

LE LION

Dans l'espèce humaine, l'influence du climat ne se marque que par des variétés assez légères, parce que cette espèce est une, et qu'elle est très distinctement séparée de toutes les autres espèces : l'homme blanc en Europe, noir en Afrique, jaune en Asie, et rouge en Amérique, n'est que le même homme teint de la couleur du climat ; comme il est fait pour régner sur la terre, que le globe entier est son domaine, il semble que sa nature se soit prêtée à toutes les situations ; il se trouve partout si anciennement répandu, qu'il ne paraît affecter aucun climat particulier. Dans les animaux, au contraire, l'influence du climat est plus forte, et se marque par des caractères plus sensibles, parce que les espèces sont diverses, et que leur nature est infiniment moins perfectionnée, moins étendue, que celle de l'homme. Non seulement les variétés dans chaque espèce sont plus nombreuses et plus marquées que dans l'espèce humaine, mais les différences mêmes des espèces semblent dépendre des différents climats : les unes ne peuvent se propager que dans les pays chauds, les autres ne peuvent subsister que dans des climats froids. Le lion n'a jamais habité les régions du Nord ; le renne ne s'est jamais trouvé dans les contrées du Midi ; et il n'y a peut-être aucun animal dont l'espèce soit, comme celle de l'homme, généralement répandue sur toute la surface de la terre : chacun a son pays, sa patrie naturelle, dans laquelle chacun est retenu par nécessité physique ; chacun est fils de la terre qu'il habite, et c'est dans ce sens qu'on doit dire que tel animal est originaire de tel ou tel climat.

Dans les pays chauds, les animaux terrestres sont plus grands et plus forts que dans les pays froids ou tempérés ; ils sont aussi plus hardis, plus féroces : toutes leurs qualités naturelles semblent tenir de l'ardeur du climat. Le lion né sous le soleil brûlant de l'Afrique ou des Indes, est le plus fort, le plus fier, le plus terrible de tous ; nos loups, nos autres animaux carnassiers, loin d'être ses rivaux, seraient à peine dignes d'être ses pourvoyeurs. Les lions d'Amérique, s'ils méritent ce nom, sont, comme le climat, infiniment plus doux que ceux de l'Afrique ; et ce qui prouve évidemment que l'excès de leur férocité vient de l'excès de la chaleur, c'est que, dans le même pays, ceux qui habitent les hautes montagnes, où l'air est plus tempéré, sont d'un naturel différent de ceux qui demeurent dans les plaines, où la chaleur est extrême. Les lions du mont Atlas, dont la cime est quelquefois couverte de neige, n'ont ni la hardiesse, ni la force, ni la férocité des lions du Sahara, dont les plaines sont couvertes de sables brûlants. C'est surtout dans ces déserts ardents que se trouvent ces lions terribles qui sont l'effroi des voyageurs et le fléau des provinces voisines : heu-

Le lion, par Eugène Delacroix (salon de 1848).

reusement l'espèce n'en est pas très nombreuse ; il paraît même qu'elle diminue tous les jours : car, de l'aveu de ceux qui ont parcouru cette partie de l'Afrique, il ne s'y trouve pas actuellement autant de lions, à beaucoup près, qu'il y en avait autrefois. Les Romains tiraient de la Libye, pour l'usage des spectacles, cinquante fois plus de lions qu'on ne pourrait y en trouver aujourd'hui. On a remarqué de même qu'en Turquie, en Perse et dans l'Inde, les lions sont maintenant beaucoup moins communs qu'ils ne l'étaient anciennement ; et comme ce puissant et courageux animal fait sa proie de tous les autres animaux, et n'est lui-même la proie d'aucun, on ne peut attribuer la diminution de quantité dans son espèce qu'à l'augmentation du nombre dans celle de l'homme ; car il faut avouer que la force de ce roi des animaux ne tient pas contre l'adresse d'un Hottentot ou d'un nègre, qui souvent osent l'attaquer tête à tête avec des armes assez légères. Le lion n'ayant d'autres ennemis que l'homme, et son espèce se trouvant aujourd'hui réduite à la cinquantième, ou, si l'on veut, à la dixième partie de ce qu'elle était autrefois, il en résulte que l'espèce humaine, au lieu d'avoir souffert une diminution considérable depuis le temps des Romains (comme bien des gens le prétendent), s'est au contraire augmentée, étendue et plus nombreusement répandue, même dans les contrées, comme la Libye, où la puissance de l'homme paraît avoir été plus grande dans ce temps, qui était à peu près le siècle de Carthage, qu'elle ne l'est dans le siècle présent de Tunis et d'Alger.

L'industrie de l'homme augmente avec le nombre : celle des animaux reste toujours la même; toutes les espèces nuisibles , comme celle du lion, paraissent être reléguées et réduites à un petit nombre, non seulement parce que l'homme est partout devenu plus nombreux, mais aussi parce qu'il est devenu plus habile, et qu'il a su fabriquer des armes terribles auxquelles rien ne peut résister : heureux s'il n'eût jamais combiné le fer et le feu que pour la destruction des lions ou des tigres !

Cette supériorité de nombre et d'industrie dans l'homme, qui brise la force du lion, en énerve aussi le courage ; cette qualité, quoique naturelle, s'exalte ou se tempère dans l'animal, suivant l'usage heureux ou malheureux qu'il a fait de sa force. Dans les vastes déserts du Sahara, dans ceux qui semblent séparer deux races d'hommes très différentes, les nègres et les Maures, entre le Sénégal et les extrémités de la Mauritanie, dans des terres inhabitées qui sont au-dessus du pays des Hottentots, et en général dans toutes les parties méridionales de l'Afrique et de l'Asie où l'homme a dédaigné d'habiter, les lions sont encore en assez grand nombre, et sont tels que la nature les produit. Accoutumés à mesurer leurs forces avec tous les animaux qu'ils rencontrent, l'habitude de vaincre les rend intrépides et terribles ; ne connaissant pas la puissance de l'homme, ils n'en ont nulle crainte ; n'ayant pas éprouvé la force de ses armes, ils semblent les braver. Les blessures les irritent, mais sans les effrayer ; ils ne sont même pas déconcertés à l'aspect du grand nombre : un seul de ces lions du désert attaque souvent une caravane entière ; et lorsqu'après un combat opiniâtre et violent il se sent affaibli, au lieu de fuir il continue de se battre en retraite, en faisant toujours face, et sans jamais tourner le dos.

Les lions, au contraire, qui habitent aux environs des villes et des bourgades de l'Inde et de la Barbarie, ayant connu l'homme et la force de ses armes, ont perdu leur courage au point d'obéir à sa voix menaçante, de n'oser l'attaquer, de ne se jeter que sur le menu bétail, et enfin de s'enfuir en se laissant poursuivre par des femmes ou par des enfants, qui leur font, à coups de bâton, quitter prise et lâcher indignement leur proie.

Ce changement, cet adoucissement dans le naturel du lion, indique assez qu'il est susceptible des impressions qu'on lui donne, et qu'il doit avoir assez de docilité pour s'apprivoiser jusqu'à un certain point, et pour recevoir une espèce d'éducation : aussi l'histoire nous parle de lions attelés à des chars de triomphe, de lions conduits à la guerre ou menés à la chasse, et qui, fidèles à leur maître, ne déployaient leur force et leur courage que contre ses ennemis. Ce qu'il y a de sûr, c'est que le lion pris jeune, et élevé parmi les animaux domestiques, s'accoutume aisément à vivre et même à jouer innocemment avec eux ; qu'il est doux pour ses maîtres, et même caressant, surtout dans le premier âge, et que si sa férocité naturelle reparaît quelquefois, il la tourne rarement contre ceux qui lui ont fait du bien. Comme ses mouvements sont très impétueux et ses appétits fort véhéments, on ne doit pas présumer que les impressions de l'éducation puissent toujours les balancer : aussi y aurait-il quelque danger à lui laisser souffrir trop longtemps la faim, ou à le contrarier en le tourmentant hors de propos ; non seulement il s'irrite des mauvais traitements, mais il en garde le souvenir et paraît en méditer la vengeance, comme il conserve aussi la mémoire et la reconnaissance. des bienfaits Je pourrais citer ici un grand nombre de faits particuliers dans lesquels j'avoue que j'ai trouvé quelque exagération , mais qui cependant sont assez fondés pour prouver au moins, par leur réunion, que sa colère est noble, son courage magnanime, son naturel sensible. On l'a vu souvent dédaigner de petits ennemis, mépriser leurs insultes, et leur pardonner des libertés offensantes ; on l'a vu, réduit en captivité , s'ennuyer sans s'aigrir, prendre au contraire des habitudes douces, obéir à son maître, flatter la main qui le nourrit, donner quelquefois la vie à ceux qu'on avait dévoués à la mort en les lui jetant pour proie, et, comme s'il se fût attaché par cet acte généreux , leur continuer ensuite la même protection, vivre tranquillement avec eux, leur faire part de sa subsistance, se la laisser même quelquefois enlever tout entière, et souffrir plutôt la faim que de perdre le fruit de son premier bienfait.

On pourrait aussi dire que le lion n'est pas cruel, puisqu'il ne l'est que par nécessité, qu'il ne détruit qu'autant qu'il consomme, et que dès qu'il est repu, il est en pleine paix ; tandis que le tigre, le loup et tant d'autres animaux d'espèce inférieure, tels que le renard, la fouine, le putois, le furet, donnent la mort pour le seul plaisir de la donner, et que, dans leurs massacres nombreux, ils semblent plutôt vouloir assouvir leur rage que leur faim.

L'extérieur du lion ne dément point ses grandes qualités intérieures : il a la figure imposante, le regard assuré, la démarche fière la voix terrible ; sa taille n'est point excessive comme celle

de l'éléphant ou du rhinocéros ; elle n'est ni lourde comme celle
de l'hippopotame ou du bœuf, ni trop ramassée comme celle de
l'hyène ou de l'ours, ni trop allongée ni déformée par des inégalités
comme celle du chameau ; mais elle est au contraire si bien prise
et si bien proportionnée, que le corps du lion paraît être le modèle
de la force jointe à l'agilité ; aussi solide que nerveux, n'étant chargé
ni de chair ni de graisse, et ne contenant rien de surabondant,
il est tout nerfs et muscles. Cette grande force musculaire se marque au dehors par les sauts et les bonds prodigieux que le lion fait
aisément ; par le mouvement brusque de sa queue, qui est assez fort
pour terrasser un homme ; par la facilité avec laquelle il fait mouvoir la peau de sa face, et surtout celle de son front, ce qui ajoute
beaucoup à sa physionomie, ou plutôt à l'expression de la fureur ;
et enfin par la faculté qu'il a de remuer sa crinière, laquelle non
seulement se hérisse, mais se meut et s'agite en tous sens lorsqu'il
est en colère.

Les lions de la plus grande taille ont environ huit ou neuf pieds
de longueur depuis le mufle jusqu'à l'origine de la queue, qui est
elle-même longue d'environ quatre pieds. Ces grands lions ont
quatre ou cinq pieds de hauteur. Les lions de petite taille ont environ cinq pieds et demi de longueur, sur trois pieds et demi de
hauteur, et la queue longue d'environ trois pieds. La lionne est,
dans toutes les dimensions, d'environ un quart plus petite que le
lion.

Le lion porte une crinière, ou plutôt un long poil qui couvre
toutes les parties antérieures de son corps, et qui devient toujours

plus long à mesure qu'il avance en âge. La lionne n'a pas ces longs poils, quelque vieille qu'elle soit. L'animal d'Amérique que les Européens ont appelé *lion*, et que les naturels du Pérou appellent *puma*, n'a point de crinière ; il est aussi beaucoup plus petit, plus faible et plus poltron que le vrai lion. Il ne serait pas impossible que la douceur du climat de cette partie de l'Amérique méridionale eût assez influé sur la nature du lion pour le dépouiller de sa crinière, lui ôter son courage, et réduire sa taille ; mais ce qui paraît impossible, c'est que cet animal, qui n'habite que les climats situés entre les tropiques, et auquel la nature paraît avoir fermé tous les chemins du Nord, ait passé des parties méridionales de l'Asie ou de l'Afrique en Amérique, puisque ces continents sont séparés vers le midi par des mers immenses : c'est ce qui nous porte à croire que le *puma* n'est point un lion, tirant son origine des lions de l'ancien continent, et qui aurait ensuite dégénéré dans le climat du nouveau monde, mais que c'est un animal particulier à l'Amérique, comme le sont aussi la plupart des animaux de ce nouveau continent.

Quoique ce noble animal ne se trouve que dans les climats les plus chauds, il peut cependant subsister et vivre assez longtemps dans les pays tempérés ; néanmoins il ne s'en trouve actuellement dans aucune des parties méridionales de l'Europe ; et dès le temps d'Homère il n'y en avait point dans le Péloponèse, quoiqu'il y en eût alors, et même encore du temps d'Aristote, dans la Thrace, la Macédoine et la Thessalie. Il paraît donc que dans tous les temps ils ont constamment donné la préférence aux climats les plus chauds,.

qu'ils se sont rarement habitués dans les pays tempérés, et qu'ils n'ont jamais habité dans les terres du Nord.

Dans ces animaux, l'amour maternel est extrême. La lionne, naturellement moins forte, moins courageuse et plus tranquille que le lion, devient terrible dès qu'elle a des petits ; elle se montre alors avec plus de hardiesse que le lion, elle ne connaît point le danger ; elle se jette indifféremment sur les hommes et sur les animaux qu'elle rencontre, et les met à mort, se charge ensuite de sa proie, la porte et la partage à ses lionceaux, auxquels elle apprend de bonne heure à sucer le sang et à déchirer la chair. D'ordinaire elle met bas dans les lieux très écartés et de difficile accès ; et lorsqu'elle craint d'être découverte, elle cache ses traces en retournant plusieurs fois sur ses pas, ou bien elle les efface avec sa queue ; quelquefois même, lorsque l'inquiétude est grande, elle transporte ailleurs ses petits ; et quand on veut les lui enlever, elle devient furieuse, et les défend jusqu'à la dernière extrémité.

On croit que le lion n'a pas l'odorat aussi parfait ni les yeux aussi bons que la plupart des autres animaux de proie : on a remarqué que la grande lumière du soleil paraît l'incommoder ; qu'il marche rarement dans le milieu du jour ; que c'est pendant la nuit qu'il fait toutes ses courses ; que quand il voit des feux allumés autour des troupeaux, il n'en approche guère. On a observé qu'il n'évente pas de loin l'odeur des autres animaux, qu'il ne les chasse qu'à vue et non pas en les suivant à la piste, comme font les chiens et les loups, dont l'odorat est plus fin. On a même donné le nom de *guide* ou de *pourvoyeur du lion* à une espèce de lynx auquel on suppose la vue perçante et l'odorat exquis, et on prétend que ce lynx accompagne ou précède toujours le lion pour lui indiquer sa proie : nous connaissons cet animal, qui se trouve, comme le lion, en Arabie et en Libye, qui, comme lui, vit de proie, et le suit peut-être quelquefois pour profiter de ses restes ; car, étant faible et de petite taille, il doit fuir le lion plutôt que le servir.

Le lion, lorsqu'il a faim, attaque de face tous les animaux qui se présentent ; mais comme il est très redouté, et que tous cherchent à éviter sa rencontre, il est souvent obligé de se cacher, et de les attendre au passage ; il se tapit sur le ventre dans un endroit fourré, d'où il s'élance avec tant de force qu'il les saisit souvent du premier bond. Dans les déserts et les forêts, sa nourriture la plus ordinaire sont les gazelles et les singes, quoiqu'ils ne prennent ceux-ci que lorsqu'ils sont à terre ; car il ne grimpe pas sur les arbres comme le tigre et le puma. Il mange beaucoup à la fois, et se remplit pour deux ou trois jours ; il a les dents si fortes, qu'il brise aisément les os, et il les avale avec la chair. On prétend qu'il supporte longtemps la faim : il supporte moins patiemment la soif, et boit toutes les fois qu'il peut trouver de l'eau. Il prend l'eau en lapant comme un chien ; mais, au lieu que la langue du chien se courbe en dessus pour laper, celle du lion se courbe en dessous, ce qui fait qu'il est longtemps à boire et qu'il perd beaucoup d'eau. Il lui faut environ quinze livres de chair crue chaque jour ; il préfère la chair des animaux vivants, de ceux surtout qu'il vient d'égorger : il ne se jette pas volontiers sur des cadavres infects,

et il aime mieux chasser une nouvelle proie que de retourner chercher les restes de la première.

Le rugissement du lion est si fort, que, quand il se fait entendre
par échos la nuit dans les déserts, il ressemble au bruit du ton-
nerre. Ce rugissement est sa voix ordinaire : car, quand il est en
colère, il a un autre cri, qui est court et réitéré subitement ; au lieu
que le rugissement est un cri prolongé, une espèce de grondement
d'un ton grave, mêlé d'un frémissement plus aigu. Il rugit cinq ou six
fois par jour, et plus souvent lorsqu'il doit tomber de la pluie. Le cri
qu'il fait lorsqu'il est en colère est encore plus terrible que le rugissement : alors il se bat les flancs de sa queue, il en bat la terre, il
agite sa crinière, fait mouvoir la peau de sa face, remue ses gros
sourcils, montre des dents menaçantes, et tire une langue armée de
pointes si dures, qu'elle suffit seule pour écorcher la peau et enta-
mer la chair sans le secours des dents ni des ongles, qui sont après
les dents ses armes les plus cruelles. Il est beaucoup plus fort par
la tête, les mâchoires et les jambes de devant, que par les parties
postérieures du corps. Il voit la nuit comme les chats : il ne dort
pas longtemps, et s'éveille aisément ; mais c'est mal à propos que
l'on a prétendu qu'il dormait les yeux ouverts.

La démarche ordinaire du lion est fière, grave et lente, quoique
toujours oblique : sa course ne se fait pas par des mouvements
égaux, mais par sauts et par bonds ; et ses mouvements sont si brusques, qu'il ne peut s'arrêter à l'instant, et qu'il passe presque toujours son but. Lorsqu'il saute sur sa proie, il fait un bond de douze
ou quinze pieds, tombe dessus, la saisit avec les pattes de devant,

la déchire avec les ongles, et ensuite la dévore avec les dents. Tant
qu'il est jeune et qu'il a de la légèreté, il vit du produit de sa chasse
et quitte rarement ses déserts et ses forêts, où il trouve assez d'animaux sauvages pour subsister aisément ; mais lorsqu'il devient vieux,
pesant, et moins propre à l'exercice de la chasse, il s'approche des
lieux fréquentés, et devient plus dangereux pour l'homme et pour
les animaux domestiques : seulement on a remarqué que lorsqu'il
voit des hommes et des animaux ensemble, c'est toujours sur les
animaux qu'il se jette, et jamais sur les hommes, à moins qu'ils ne
le frappent ; car alors il reconnaît à merveille celui qui vient de l'of-
fenser, et il quitte sa proie pour se venger. On prétend qu'il préfère
la chair du chameau à celle de tous les autres animaux ; il aime
aussi beaucoup celle des jeunes éléphants ; ils ne peuvent lui résister lorsque leurs défenses n'ont pas encore poussé, et il en vient
aisément à bout, à moins que la mère n'arrive à leur secours. L'éléphant, le rhinocéros, le tigre et l'hippopotame, sont les seuls animaux qui puissent résister au lion.

Quelque terrible que soit cet animal, on ne laisse pas de lui donner la chasse avec des chiens de grande taille, et bien appuyés par
des hommes à cheval ; on le déloge, on le fait retirer ; mais il faut
que les chiens et même les chevaux soient aguerris auparavant,
car presque tous les animaux frémissent et s'enfuient à la seule
odeur du lion. Sa peau, quoique d'un tissu ferme et serré, ne résiste
point à la balle ni même au javelot ; néanmoins on ne le tue presque jamais d'un seul coup ; on le prend souvent par adresse, comme
nous prenons les loups, en le faisant tomber dans une fosse pro-

fonde qu'on recouvre avec des matières légères au-dessus desquelles on attache un animal vivant. Le lion devient doux dès qu'il est pris ; et si l'on profite des premiers moments de sa surprise ou de sa honte, on peut l'attacher, le museler, et le conduire où l'on veut.

La chair du lion est d'un goût désagréable et fort ; cependant les nègres et les Indiens ne la trouvent pas mauvaise et en mangent souvent. La peau, qui faisait autrefois la tunique des héros, sert à ces peuples de manteau et de lit ; ils en gardent aussi la graisse, qui est d'une qualité fort pénétrante et qui même est de quelque usage dans notre médecine.

LE TIGRE

Dans la classe des animaux carnassiers, le lion est le premier, le tigre est le second ; et comme le premier, même dans un mauvais genre, est toujours le plus grand et souvent le meilleur, le second est ordinairement le plus méchant de tous. A la fierté, au courage, à la force, le lion joint la noblesse, la clémence, la magnanimité, tandis que le tigre est bassement féroce, cruel sans justice, c'est-à-dire sans nécessité. Il en est de même dans tout ordre de choses où les rangs sont donnés par la force : le premier, qui peut tout, est moins tyran que l'autre, qui, ne pouvant jouir de la puissance plénière, s'en venge en abusant du pouvoir qu'il a pu s'arroger. Aussi le tigre est-il plus à craindre que le lion : celui-ci souvent oublie qu'il est le roi, c'est-à-dire le plus fort de tous les animaux ; marchant d'un pas tranquille, il n'attaque jamais l'homme, à moins qu'il ne soit provoqué ; il ne précipite ses pas, il ne court, il ne chasse que quand la faim le presse. Le tigre, au contraire, quoique rassasié de chair, semble toujours être altéré de sang ; sa fureur n'a d'autres intervalles que ceux du temps qu'il faut pour dresser des embûches ; il saisit et déchire une nouvelle proie avec la même rage qu'il vient d'exercer, et non pas d'assouvir, en dévorant la première ; il désole le pays qu'il habite ; il ne craint ni l'aspect ni les armes de l'homme ; il égorge, il dévaste les troupeaux d'animaux domestiques, met à mort toutes les bêtes sauvages, attaque les petits éléphants, les jeunes rhinocéros, et quelquefois même ose braver le lion.

La forme du corps est ordinairement d'accord avec le naturel. Le lion a l'air noble : la hauteur de ses jambes est proportionnée à la longueur de son corps ; l'épaisse et grande crinière qui couvre ses épaules et ombrage sa face, son regard assuré, sa démarche grave, tout semble annoncer sa fière et majestueuse intrépidité. Le tigre, trop long de corps, trop bas sur ses jambes, la tête nue, les yeux hagards, la langue couleur de sang, toujours hors de la gueule, n'a que les caractères de la basse méchanceté et de l'insatiable cruauté ; il n'a pour tout instinct qu'une rage constante, une fureur aveugle, qui ne connaît, qui ne distingue rien et qui lui fait souvent dévorer ses propres enfants, et déchirer leur mère lorsqu'elle veut les défendre. Que ne l'eût-il à l'excès cette soif de son sang ! que ne pût-il l'éteindre qu'en détruisant dès leur naissance la race entière des monstres qu'il produit !

Heureusement pour le reste de la nature, l'espèce n'en est pas nombreuse, et paraît confinée aux climats les plus chauds de l'Inde orientale. Elle se trouve au Malabar, à Siam, au Bengale, dans les mêmes contrées qu'habitent l'éléphant et le rhinocéros ; il fréquente avec lui les bords des fleuves et des lacs ; car comme le sang ne fait que l'altérer, il a souvent besoin d'eau pour tempérer l'ar-

Tigre poursuivant sa proie.

deur qui le consume ; et d'ailleurs il attend près des eaux les
animaux qui y arrivent, et que la chaleur du climat contraint
d'y venir plusieurs fois chaque jour : c'est là qu'il choisit sa proie,
ou plutôt qu'il multiplie ses massacres ; car souvent il abandonne
les animaux qu'il vient de mettre à mort pour en égorger d'autres ;
il semble qu'il cherche à goûter de leur sang ; il le savoure, il s'en
enivre ; et lorsqu'il leur fend et déchire le corps, c'est pour y
plonger la tête, et pour sucer à longs traits le sang dont il vient
d'ouvrir la source, qui tarit presque toujours avant que sa soif
s'éteigne.

Cependant, quand il a mis à mort quelques gros animaux,
comme un cheval, un buffle, il ne les éventre pas sur la place, s'il
craint d'y être inquiété : pour le dépecer à son aise, il les emporte
dans les bois, en les traînant avec tant de légèreté, que la vitesse
de sa course paraît à peine ralentie par la masse énorme qu'il
entraîne.

Le tigre est peut-être le seul de tous les animaux dont on ne
puisse fléchir le naturel : ni la force, ni la contrainte, ni la violence, ne peuvent le dompter. Il s'irrite des bons comme des mauvais traitements ; la douce habitude, qui peut tout, ne peut rien
sur cette nature de fer ; le temps, loin de l'amollir en tempérant
ses humeurs féroces, ne fait qu'aigrir le fiel de sa rage ; il déchire
la main qui le nourrit comme celle qui le frappe ; il rugit à la
vue de tout être vivant ; chaque objet lui paraît une nouvelle proie
qu'il dévore d'avance de ses regards avides, qu'il menace par des
frémissements affreux, mêlés de grincements de dents, et vers le-

quel il s'élance souvent, malgré les chaînes et les grilles qui brisent
sa fureur sans pouvoir la calmer.

Pour achever de donner une idée de la force de ce cruel animal,
nous croyons devoir citer ici ce récit d'un combat d'un tigre contre
des éléphants :

« On avait élevé une haute palissade de bambous, d'environ
« cent pas en carré : au milieu de l'enceinte étaient entrés trois
« éléphants destinés pour combattre le tigre ; ils avaient une
« espèce de grand plastron, en forme de masque, qui leur cou-
« vrait la tête et une partie de la trompe. Dès que nous fûmes arri-
« vés sur le lieu, on fit sortir de la loge, qui était dans un enfon-
« cement, un tigre d'une figure et d'une couleur qui parurent nou-
« velles aux Français, qui assistaient à ce combat ; car, outre
« qu'il était bien plus grand, bien plus gros et d'une taille moins
« effilée que ceux que nous avions vus en France, sa peau n'était
« pas mouchetée de même ; mais, au lieu de toutes ces taches
« semées sans ordre, il avait de longues et larges bandes en forme
« de cercle ; ces bandes, prenant sur le dos, se rejoignaient par-
« dessous le ventre, et, continuant le long de la queue, y faisaient
« comme des anneaux blancs et noirs placés alternativement, dont
« elle était toute couverte. La tête n'avait rien d'extraordinaire,
« non plus que les jambes, hors qu'elles étaient plus grandes et
« plus grosses que celles des tigres communs, quoique celui-ci ne
« fût qu'un jeune tigre qui avait encore à croître ; car on nous a
« dit qu'il y en avait dans le royaume de plus gros trois fois que
« celui-là ; et qu'un jour, étant à la chasse avec le roi, on en vit

Le Tigre royal.

« un de fort près qui était grand comme un mulet. Il y en a aussi
« de petits dans le pays, semblables à ceux qu'on apporte d'Afrique
« en Europe, et on nous en montra un le même jour à Louvo.

« On ne lâcha pas d'abord le tigre qui devait combattre, mais on
« le tint attaché par deux cordes : de sorte que, n'ayant pas la
« liberté de s'élancer, le premier é.épnant qui l'approcha lui donna
« deux ou trois coups de sa trompe sur le dos : ce choc fut si rude,
« que le tigre en fut renversé, et demeura quelque temps étendu
« sur la place, sans mouvement, comme s'il eût été mort. Cepen-
« dant, dès qu'on l'eut délié, quoique cette première attaque eût
« bien rabattu de sa furie, il fit un cri horrible, et voulut se jeter
« sur la trompe de l'éléphant, qui s'avançait pour le frapper ; mais
« celui-ci, la repliant adroitement, la mit à couvert par ses défenses
« qu'il présenta en même temps, et dont il atteignit le tigre si à
« propos, qu'il lui fit faire un grand saut en l'air. Cet animal en fut
« si étourdi, qu'il n'osa plus approcher. Il fit plusieurs tours le long
« de la palissade, s'élançant quelquefois vers les personnes qui pa-
« raissaient vers les galeries. On poussa ensuite trois éléphants contre
« lui, qui lui donnèrent tour à tour de si rudes coups qu'il fit encore
« une fois le mort, et ne pensa plus qu'à éviter leur rencontre : ils
« l'eussent tué sans doute, si l'on n'eût fait finir le combat. »

On sent par ce simple récit quelle doit être la force et la fureur de
cet animal, puisque celui-ci, quoique jeune encore, et n'ayant pas
pris tout son accroissement, quoique réduit en captivité, quoique
retenu par des liens, quoique seul contre trois, était encore assez
redoutable aux colosses qu'il combattait, pour qu'on fût obligé de

les couvrir d'un plastron dans toutes les parties de leur corps que la
nature n'a pas cuirassées, comme les autres, d'une enveloppe impénétrable.

Un voyageur dit expressément que le Malabar est le pays des
Indes où il y a le plus de tigres ; qu'il y en a de plusieurs espèces;
mais que le plus grand de tous, celui que les Portugais appellent
tigre royal, est extrêmement rare, et qu'il est grand comme un cheval.

Le tigre royal ne paraît donc pas faire une espèce particulière, et
différente de celle du vrai tigre ; il ne se trouve qu'aux Indes orientales, et non pas au Brésil, comme l'ont écrit quelques-uns de nos naturalistes. Je suis même porté à croire que le vrai tigre ne se trouve
qu'en Asie et dans les parties les plus méridionales de l'Afrique, dans
l'intérieur des terres ; car la plupart des voyageurs qui ont fréquenté
les côtes de l'Afrique parlent à la vérité des tigres, et disent même
qu'ils y sont très communs ; néanmoins il est aisé de voir, par les no-
tices mêmes qu'ils donnent de ces animaux, que ce ne sont pas de
vrais tigres, mais des léopards, des panthères ou des onces ; qu'au
royaume de Tunis et d'Alger le lion et la panthère tiennent le premier rang entre les bêtes féroces, mais que le tigre ne se trouve pas
dans cette partie de la Barbarie. Cela paraît vrai ; car ce furent des
ambassadeurs indiens, et non pas des Africains, qui présentèrent à
Auguste, dans le temps qu'il était à Samos, le premier tigre qui ait
été vu des Romains ; et ce fut aussi des Indes qu'Héliogabale fit
venir ceux qu'il voulait atteler à son char pour contrefaire le dieu
Bacchus.

L'espèce du tigre a donc toujours été plus rare et beaucoup moins répandue en Europe que celle du lion ; cependant la tigresse produit, comme la lionne, quatre ou cinq petits. Elle est furieuse en tout temps, mais sa rage devient extrême lorsqu'on les lui ravit ; elle brave tous les périls ; elle suit les ravisseurs, qui, se trouvant pressés, sont obligés de lui relâcher un de ses petits ; elle s'arrête, le saisit, l'emporte pour le mettre à l'abri, revient quelques instants après, et les poursuit jusqu'aux portes des villes ou jusqu'à leurs vaisseaux ; et lorsqu'elle a perdu tout espoir de recouvrer sa perte, des cris forcenés et lugubres, des hurlements affreux expriment sa douleur cruelle, et font encore frémir ceux qui les entendent de loin.

Le tigre fait mouvoir la peau de sa face, grince des dents, frémit, rugit comme fait le lion ; mais son rugissement est différent : quelques voyageurs l'ont comparé au cri rauque de certains grands oiseaux. Le son de la voix du tigre est très rauque.

La peau des tigres est assez estimée, surtout en Chine : les mandarins militaires en couvrent leurs chaises dans les marches publiques ; ils en font aussi des couvertures de coussins pour l'hiver. En Europe, ces peaux, quoique rares, ne sont pas d'un grand prix ; on fait beaucoup plus de cas de celle du léopard de Guinée et du Sénégal, que nos fourreurs appellent tigre.

LES ANIMAUX SAUVAGES

L'ÉLÉPHANT

L'éléphant est, si nous voulons ne nous pas compter, l'être le plus considérable de ce monde ; il surpasse tous les animaux terrestres en grandeur, et il approche de l'homme par l'intelligence autant au moins que la matière peut approcher de l'esprit. L'éléphant, le chien, le castor et le singe, sont de tous les êtres animés ceux dont l'instinct est le plus admirable ; mais cet instinct qui n'est que le produit de toutes les facultés tant intérieures qu'extérieures de l'animal, se manifeste par des résultats bien différents dans chacune de ces espèces. Le chien est naturellement, et lorsqu'il est livré à lui seul, aussi cruel, aussi sanguinaire que le loup ; seulement il s'est trouvé dans cette nature féroce un point flexible sur lequel nous avons appuyé : le naturel du chien ne diffère donc de celui des autres animaux de proie que par ce point sensible qui le rend susceptible d'affection et capable d'attachement ; c'est de la nature qu'il tient le germe de ce sentiment, que l'homme ensuite a

cultivé, nourri, développé par une ancienne et constante société avec
cet animal, qui seul en était digne, qui, plus susceptible, plus capable qu'un autre des impressions étrangères, a perfectionné dans
le commerce toutes ses facultés relatives. Sa sensibilité, sa docilité,
son courage, ses talents, tout, jusqu'à ses manières, s'est modifié
par l'exemple et modelé sur les qualités de son maître : l'on ne doit
donc pas lui accorder en propre tout ce qu'il paraît avoir ; ses qualités les plus relevées, les plus frappantes, sont empruntées de
nous : il a plus d'acquis que les autres animaux, parce qu'il est plus
à portée d'acquérir ; que, loin d'avoir comme eux de la répugnance
pour l'homme, il a pour lui du penchant ; que ce sentiment doux
qui n'est jamais muet, s'est annoncé par l'envie de plaire, et a produit la docilité, la fidélité, la soumission constante, et en même
temps le degré d'attention nécessaire pour agir en conséquence et
toujours obéir à propos.

Le singe au contraire est indocile autant qu'extravagant ; sa nature est en tout point également revêtue : nulle sensibilité relative,
nulle reconnaissance des bons traitements, nulle mémoire des bienfaits, de l'éloignement pour la société de l'homme, de l'horreur pour
la contrainte, du penchant à toute espèce de mal, ou, pour mieux
dire, une forte propension à faire tout ce qui peut nuire ou déplaire. Mais ces défauts réels sont compensés par des perfections
apparentes ; il est extérieurement conformé comme l'homme ; il a
des bras, des mains, des doigts : l'usage seul de ces parties le rend
supérieur pour l'adresse aux autres animaux, et les rapports qu'elles
lui donnent avec nous par la similitude des mouvements et par la con-

Les Eléphants du Jardin d'Acclimatation.

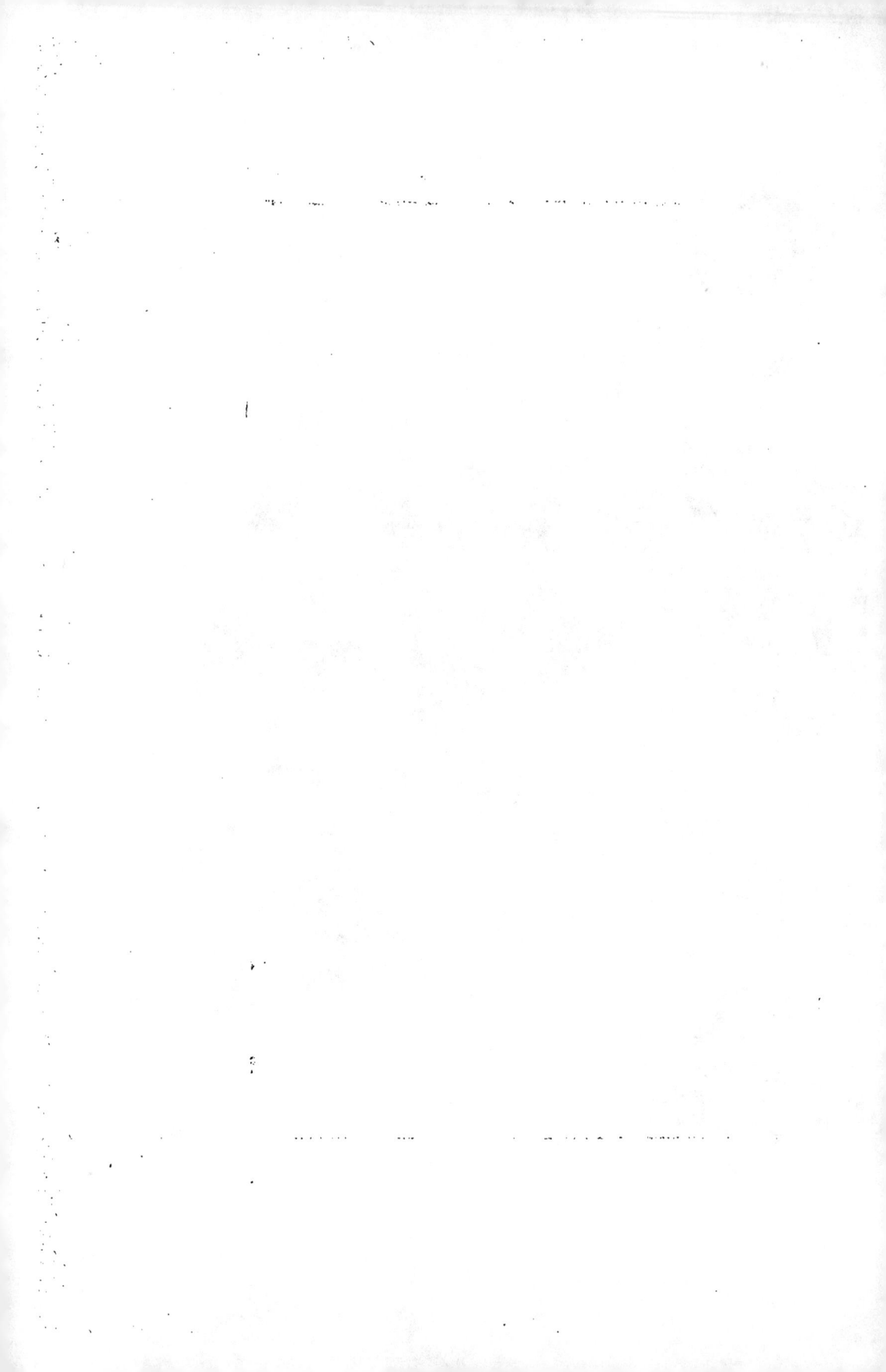

formité des actions nous plaisent, nous déçoivent, et nous font attribuer à des qualités intérieures ce qui ne dépend que de la forme des
membres.

Le castor, qui paraît être fort au-dessous du chien et du singe par
les facultés individuelles, a cependant reçu de la nature un don presque équivalent à celui de la parole : il se fait entendre à ceux de
son espèce, et si bien entendre qu'ils se réunissent en société, qu'ils
agissent de concert, qu'ils entreprennent et exécutent de grands et
longs travaux en commun ; et cet amour social, aussi bien que le
produit de leur intelligence réciproque, ont plus de droit à notre
admiration que l'adresse du singe et la fidélité du chien.

Le chien n'a donc que de l'esprit (qu'on me permette, faute de
termes, de profaner ce nom) ; le chien, dis-je, n'a donc que de l'esprit d'emprunt ; le singe n'en a que l'apparence, et le castor n'a du
sens que pour lui seul et les siens. L'éléphant leur est supérieur à
tous trois ; il réunit leurs qualités les plus éminentes. La main est
le principal organe de l'adresse du singe ; l'éléphant, au moyen de
sa trompe, qui lui sert de bras et de main, et avec laquelle il peut
enlever et saisir les plus petites choses comme les plus grandes, les
porter à sa bouche, les poser sur son dos, les tenir embrassées, ou les
lancer au loin, a donc le même moyen d'adresse que le singe ; et en
même temps il a la docilité du chien ; il est, comme lui, susceptible
de reconnaissance, et capable d'un fort attachement ; il s'accoutume
aisément à l'homme, se soumet moins par la force que par les bons
traitements, le sert avec zèle, avec fidélité, avec intelligence.
Enfin l'éléphant, comme le castor, aime la société de ses semblables;

il s'en fait entendre : on les voit souvent se rassembler, se disperser, agir de concert ; et s'ils n'édifient rien, s'ils ne travaillent point en commun, ce n'est peut-être que faute d'assez d'espace et de tranquillité ; car les hommes se sont très anciennement multipliés dans toutes les terres qu'habite l'éléphant : il vit donc dans l'inquiétude, et n'est nulle part paisible possesseur d'un espace assez grand, assez libre, pour s'y établir à demeure. Nous avons vu qu'il faut toutes ces conditions et tous ces avantages pour que les talents du castor se manifestent, et que partout où les hommes se sont habitués il perd son industrie, et cesse d'édifier. Chaque être dans la nature a son prix réel et sa valeur relative : si l'on veut juger au juste de l'un et de l'autre dans l'éléphant, il faut lui accorder au moins l'intelligence du castor, l'adresse du singe, le sentiment du chien, et y ajouter ensuite les avantages particuliers, uniques, de la force, de la grandeur, et de la longue durée de la vie; il ne faut pas oublier ses armes ou ses défenses, avec lesquelles il peut percer et vaincre le lion; il faut se représenter que sous ses pas il ébranle la terre, que de sa main il arrache les arbres, que d'un coup de son corps il fait brèche dans un mur ; que, terrible par sa force, il est encore invincible par la seule résistance de sa masse, par l'épaisseur du cuir qui la couvre ; qu'il peut porter sur son dos une tour armée en guerre et chargée de plusieurs hommes ; que seul il fait mouvoir des machines et transporte des fardeaux que six chevaux ne pourraient remuer ; qu'à cette force prodigieuse il joint encore le courage, la prudence, le sang-froid, l'obéissance exacte ; que dans la colère il ne méconnaît point ses amis ; qu'il n'attaque jamais que ceux qui l'ont

offensé ; qu'il se souvient des bienfaits aussi longtemps que des injures ; que, n'ayant nul goût pour la chair et ne se nourrissant que
de végétaux, il n'est pas né l'ennemi des autres animaux ; qu'enfin
il est aimé de tous, puisque tous le respectent et n'ont nulle raison de le craindre.

Aussi les hommes ont-ils eu dans tous les temps pour ce grand,
pour ce premier animal, une espèce de vénération. Les anciens le
regardaient comme un prodige, comme un miracle de la nature (et
c'est en effet son dernier effort) ; ils ont beaucoup exagéré ses facultés naturelles ; ils lui ont atribué sans hésiter des qualités intellec-
tuelles et des vertus morales. Ils n'ont pas craint de donner à ces animaux des mœurs raisonnées, une religion naturelle et innée, l'observation d'un culte, l'adoration quotidienne du soleil et de la lune,
l'usage de l'ablution avant l'adoration, l'esprit de divination, la
piété envers le ciel et pour leurs semblables, qu'ils assistaient à la
mort, et qu'après leur décès ils arrosent de leurs larmes et recouvrent
de terre. Les Indiens, prévenus de l'idée de la métempsycose, sont
encore persuadés aujourd'hui qu'un corps aussi majestueux que celui
de l'éléphant ne peut être animé que par l'âme d'un grand homme
ou d'un roi. On respecte à Siam, à Laos, à Pégu, les éléphants
blancs, comme les mânes vivants des empereurs de l'Inde ; ils ont
chacun un palais, une maison composée d'un nombreux domestique, une vaisselle d'or, des mets choisis, des vêtements magnifi-
ques, et sont dispensés de tout travail, de toute obéissance ; l'empereur vivant est le seul devant lequel ils fléchissent les genoux, et ce
salut leur est rendu par le monarque : cependant les attentions, les

respects, les offrandes, les flattent sans les corrompre ; ils n'ont donc pas une âme humaine ; cela seul devrait suffire pour le démontrer aux Indiens.

En écartant les fables de la crédule antiquité, en rejetant aussi les fictions puériles de la superstition toujours subsistante, il reste encore assez à l'éléphant, aux yeux même du philosophe, pour qu'il doive le regarder comme un être de la première distinction ; il est digne d'être connu, d'être observé : nous tâcherons donc d'en décrire l'histoire sans partialité, c'est-à-dire sans admiration ni mépris ; nous le considérerons d'abord dans son état de nature, lorsqu'il est indépendant et libre, et ensuite dans sa condition de servitude ou de domesticité, où la volonté de son maître est en partie le mobile de la sienne

Dans l'état de sauvage, l'éléphant n'est ni sanguinaire ni féroce : il est d'un naturel doux, et jamais il ne fait abus de ses armes ou de sa force ; il ne les emploie, il ne les exerce que pour se défendre lui-même, ou pour protéger ses semblables. Il a les mœurs sociales ; on le voit rarement errant ou solitaire. Il marche ordinairement de compagnie ; le plus âgé conduit la troupe, le second d'âge la fait aller et marche le dernier, les jeunes et les faibles sont au milieu des autres ; les mères portent leurs petits, et les tiennent embrassés de leur trompe. Ils ne gardent cet ordre que dans les marches périlleuses, lorsqu'ils vont paître sur des terres cultivés ; ils se promènent ou voyagent avec moins de précautions dans les forêts et dans les solitudes, sans cependant se séparer absolument, ni même s'écarter assez loin pour être hors de portée des secours et des avertisse-

Éléphant attaqué par deux lions, d'après un tableau de M. de Tournemine (salon de 1874).

ments : il y en a néanmoins quelques-uns qui s'égarent ou qui traînent après les autres, et ce sont les seuls que les chasseurs osent attaquer, car il faudrait une petite armée pour assaillir la troupe entière, et l'on ne pourrait la vaincre sans perdre beaucoup de monde : il serait même dangereux de leur faire la moinde injure ; ils vont droit à l'offenseur, et, quoique la masse de leur corps soit très pesante, leur pas est si grand qu'ils atteignent aisément l'homme le plus léger à la course ; ils le percent de leurs défenses, ou le saisissent avec la trompe, le lancent comme une pierre, et achèvent de le tuer en le foulant aux pieds. Mais ce n'est que lorsqu'ils sont provoqués qu'ils font ainsi main-basse sur les hommes ; ils ne font aucun mal à ceux qui ne les cherchent pas ; cependant, comme ils sont susceptibles et délicats sur le fait des injures, il est bon d'éviter leur rencontre ; et les voyageurs qui fréquentent leur pays allument de grands feux la nuit, et battent de la caisse pour les empêcher d'approcher. On prétend que lorsqu'ils ont une fois été attaqués par les hommes, ou qu'ils sont tombés dans quelque embûche, ils ne l'oublient jamais, et qu'ils cherchent à se venger en toute occasion. Comme ils ont l'odorat excellent, et peut-être plus parfait qu'aucun des animaux, à cause de la grande étendue de leur nez, l'odeur de l'homme les frappe de très loin ; ils pourraient aisément le suivre à la piste. Les anciens ont écrit que les éléphants arrachent l'herbe des endroits où le chasseur a passé, et qu'ils se la donnent de main en main, pour que tous soient informés du passage et de la marche de l'ennemi. Ces animaux aiment le bord des fleuves, les profondes vallées, les lieux ombragés et les terrains humides ; ils ne peuvent se passer d'eau, et la troublent avant que de la boire : ils en remplissent souvent leur trompe, soit pour la porter à leur bouche, ou seulement pour se rafraîchir le nez, et s'amuser en la répandant à flots ou l'aspergeant à la ronde. Ils ne peuvent supporter le froid, et souffrent aussi de l'excès de la chaleur ; car, pour éviter la trop grande ardeur du soleil, ils s'enfoncent autant qu'ils peuvent dans la profondeur des forêts les plus sombres ; ils se mettent aussi assez souvent dans l'eau : le volume énorme de leur corps leur nuit moins qu'il ne leur aide à nager ; ils enfoncent moins dans l'eau que les autres animaux ; et d'ailleurs la longueur de leur trompe, qu'ils redressent en haut et par laquelle ils respirent leur ôte toute crainte d'être submergés.

Leurs aliments ordinaires sont des racines, des herbes, des feuilles et du bois tendre : ils mangent aussi des fruits et des grains, mais ils dédaignent la chair et le poisson. Lorsque l'un d'entre eux trouve quelque part un pâturage abondant, il appelle les autres et les invite à venir manger avec lui. Comme il leur faut une grande quantité de fourrage, ils changent souvent de lieu ; et lorsqu'ils arrivent à des terres ensemencées, ils y font un dégât prodigieux ; leur corps étant d'un poids énorme, ils écrasent et détruisent dix fois plus de plantes avec leurs pieds qu'ils n'en consomment pour leur nourriture, laquelle peut monter à cent cinquante livres d'herbe par jour : n'arrivant jamais qu'en nombre, ils dévastent donc une campagne en une heure. Aussi les Indiens et les nègres cherchent tous les moyens de prévenir leur visite, et de les détourner en faisant de grands bruits, de grands feux autour de leurs terres cultivées. Souvent, malgré ces précautions, les éléphants viennent s'en emparer,

en chassent le bétail domestique, font fuir les hommes, et quelquefois renversent de fond en comble leurs minces habitations. Il est
difficile de les épouvanter, et ils ne sont guère susceptibles de
crainte ; la seule chose qui les surprenne et puisse les arrêter sont
les feux d'artifice, les pétards qu'on leur lance, et dont l'effet subit et
promptement renouvelé les saisit et leur fait quelquefois rebrousser
chemin. On vient très rarement à bout de les séparer les uns des
autres ; car ordinairement ils prennent tous ensemble le même parti
d'attaquer, de passer indifféremment, ou de fuir.

L'éléphant une fois dompté devient le plus doux, le plus obéissant de tous les animaux ; il s'attache à celui qui le soigne, il le caresse, le prévient, et semble deviner tout ce qui peut lui plaire :
en peu de temps il vient à comprendre les signes et même à entendre l'expression des sons ; il distingue le ton impératif, celui de
la colère ou de la satisfaction, et il agit en conséquence. Il ne se
trompe point à la parole de son maître ; il reçoit ses ordres avec attention , les exécute avec prudence , avec empressement , sans
précipitation ; car ses mouvements sont toujours mesurés, et son caractère paraît tenir de la gravité de sa masse. On lui apprend aisément à fléchir les genoux pour donner plus de facilité à ceux qui
veulent le monter ; il caresse ses amis avec sa trompe, en salue les
gens qu'on lui fait remarquer ; il s'en sert pour enlever des fardeaux,
et aide lui-même à se charger. Il se laisse vêtir, et semble prendre
plaisir à se voir couvert de harnais dorés et de housses brillantes.
On l'attelle, on l'attache par des traits à des chariots, des charrues,
des navires, des cabestans ; il tire également continûment et sans se

rebuter, pourvu qu'on ne l'insulte pas par des coups donnés mal à propos et qu'on ait l'air de lui savoir gré de la bonne volonté avec laquelle il emploie ses forces. Celui qui le conduit ordinairement est monté sur son cou, et se sert d'une verge de fer, dont l'extrémité fait le crochet, ou qui est armée d'un poinçon avec lequel on le pique sur la tête, à côté des oreilles, pour l'avertir, le détourner, ou le presser ; mais souvent la parole suffit, surtout s'il a eu le temps de faire connaissance complète avec son conducteur, et de prendre en lui une entière confiance : son attachement devient quelquefois si fort, si durable, et son affection si profonde, qu'il refuse ordinairement de servir sous tout autre, et qu'on l'a quelquefois vu mourir de regret d'avoir, dans un accès de colère, tué son gouverneur.

De temps immémorial les Indiens se sont servis d'éléphants à la guerre : chez ces nations mal disciplinées, c'était la meilleure troupe de l'armée, et, tant que l'on n'a combattu qu'avec le fer, celle qui décidait ordinairement du sort des batailles. Cependant l'on voit par l'histoire que les Grecs et les Romains s'accoutumèrent bientôt à ces monstres de guerre ; ils ouvraient leurs rangs pour les laisser passer ; ils ne cherchaient point à les blesser, mais ils lançaient tous leurs traits contre les conducteurs, qui se pressaient de se rendre, et de calmer les éléphants dès qu'ils étaient séparés du reste de leurs troupes ; et maintenant que le feu est devenu l'élément de la guerre et le principal instrument de la mort, les éléphants, qui en craignent le bruit et la flamme, seraient plus embarrassants, plus dangereux qu'utiles dans nos combats. Les rois des Indes font encore armer des éléphants en guerre, mais c'est plutôt pour la représentation que pour l'effet : ils en tirent cependant l'utilité qu'on tire de tous les militaires, qui est d'asservir leurs semblables ; ils 'en servent pour dompter les éléphants sauvages. Le plus puissant des monarques de l'Inde n'a pas aujourd'hui deux cents éléphants de guerre ; ils en ont beaucoup d'autres pour le service, et pour porter de grandes cages de treillage dans lesquelles ils font voyager leurs femmes : c'est une monture très sûre, car l'éléphant ne bronche jamais ; mais elle n'est pas douce, et il faut du temps pour s'accoutumer au mouvement brusque et au balancement continuel de son pas : la meilleure place est sur le cou ; les secousses y sont moins dures que sur les épaules, le dos, ou la croupe. Mais dès qu'il s'agit de quelque expédition de chasse ou de guerre, chaque éléphant est toujours monté de plusieurs hommes : le conducteur se met à califourchon sur le cou ; les chasseurs ou les combattants sont assis ou debout sur les autres parties du corps.

En général, les éléphants de l'Asie l'emportent par la taille et par la force, sur ceux de l'Afrique ; et en particulier ceux de Ceylan sont encore supérieurs à tous ceux de l'Asie, non par la grandeur, mais par le courage et par l'intelligence : probablement ils ne doivent ces qualités qu'à leur éducation, plus perfectionnée à Ceylan qu'ailleurs ; mais tous les voyageurs ont célébré les éléphants de cette île, où, comme l'on sait, le terrain est groupé par montagnes, qui vont en s'élevant à mesure qu'on avance vers le centre, et où la chaleur, quoique très grande, n'est pas aussi excessive qu'au Sénégal, en Guinée, et dans toutes les autres parties occidentales de l'Afrique. Les anciens, qui ne connaissaient de cette partie du monde que les terres situées entre le mont Atlas et la Méditerranée, avaient remarqué que les éléphants de la Libye étaient bien plus petits que ceux des Indes : il n'y en a plus aujourd'hui dans cette partie de l'Afrique, et cela prouve encore, comme nous l'avons dit à l'article du lion, que les hommes y sont plus nombreux de nos jours qu'ils ne l'étaient dans le siècle de Carthage. Les éléphants se sont retirés à mesure que les hommes les ont inquiétés ; mais en voyageant sous le ciel de l'Afrique ils n'ont pas changé de nature ; car ceux du Sénégal et de la Guinée sont, comme l'étaient ceux de la Libye, beaucoup plus petits que ceux des Grandes-Indes.

La force de ces animaux est proportionnelle à leur grandeur : les éléphants des Indes portent aisément trois ou quatre milliers : les plus petits, c'est-à-dire ceux d'Afrique, enlèvent librement un poids de deux cents livres avec leur trompe ; ils le placent eux-mêmes sur leurs épaules ; ils prennent dans cette trompe une grande quantité d'eau qu'ils rejettent en haut ou à la ronde, à une ou deux toises de distance ; ils peuvent porter plus d'un millier pesant sur leurs défenses : la trompe leur sert à casser les branches des arbres, et les défenses à arracher les arbres mêmes. On peut encore juger de leur force par la vitesse de leur mouvement, comparée à la masse de leur corps : ils font au pas ordinaire à peu près autant de chemin qu'un cheval en fait au petit trot, et autant qu'un cheval au galop lorsqu'ils courent ; ce qui, dans l'état de liberté, ne leur arrive guère que quand ils sont animés de colère ou poussés par la crainte. On mène ordinairement au pas les éléphants domestiques : ils font aisément et sans fatigue quinze ou vingt lieues par jour ; et quand on veut les presser, ils peuvent en faire trente-cinq ou quarante. On les entend marcher de très loin, et on peut aussi les suivre de très près à la piste ; car les traces qu'ils laissent sur la terre ne sont pas équivoques, et dans les terrains où le pied marque, elles ont quinze ou dix-huit pouces de diamètre.

Un éléphant domestique rend peut-être à son maître plus de service que cinq ou six chevaux ; mais il lui faut du foin, et une nourriture abondante et choisie ; il coûte environ quatre francs ou cent sous par jour à nourrir. On lui donne ordinairement du riz cru ou cuit, mêlé avec de l'eau, et on prétend qu'il faut cent livres de riz par jour pour qu'il s'entretienne dans sa pleine vigueur ; on lui donne aussi de l'herbe pour le rafraîchir, et il faut le mener à l'eau et le laisser baigner deux ou trois fois par jour. Il apprend aisément à se laver lui-même ; il prend de l'eau dans sa trompe, il la porte à sa bouche pour boire, et ensuite, en retournant sa trompe, il en laisse couler le reste à flots sur toutes les parties de son corps. Pour donner une idée des services qu'il peut rendre, il suffira de dire que tous les tonneaux, sacs, paquets, qui se transportent d'un lieu à un autre dans les Indes, sont voiturés par des éléphants ; qu'ils peuvent porter des fardeaux sur leur corps, sur leur cou, sur leurs défenses et même avec leur gueule, en leur présentant le bout d'une corde qu'ils serrent avec les dents ; que, joignant l'intelligence à la force, ils ne cassent ni n'endommagent rien de ce qu'on leur confie ; qu'ils font tourner et passer ces paquets du bord des eaux dans un bateau sans les laisser mouiller, les posant doucement et les arrangeant où l'on veut les placer ; que, quand ils les ont déposés dans l'endroit qu'on leur montre, ils essayent avec leur trompe s'ils sont bien situés, et que, quand c'est un tonneau qui roule, ils vont d'eux-mêmes chercher des pierres pour le caler et l'établir solidement.

Lorsque l'éléphant est bien soigné, il vit longtemps, quoique en captivité ; et l'on doit présumer que dans l'état de liberté sa vie est encore plus longue. Quelques auteurs ont écrit qu'il vivait quatre ou cinq cents ans, d'autres deux ou trois cents, et d'autres enfin cent vingt, cent trente ou cent cinquante ans. Je crois que le terme moyen est le vrai, et que, si l'on s'est assuré que les éléphants captifs vivent cent vingt ou cent trente ans, ceux qui sont libres et qui jouissent de toutes les aisances de la vie et de tous les droits de la nature, doivent vivre au moins deux cents ans.

Après avoir indiqué les principaux faits au sujet de l'espèce, examinons en détail les facultés de l'individu, les mouvements, la grandeur, la force, l'adresse, l'intelligence. L'éléphant a les yeux très petits relativement au volume de son corps, mais ils sont brillants et spirituels; et ce qui les distingue de ceux de tous les autres animaux, c'est l'expression pathétique du sentiment, et la conduite presque réfléchie de tous leurs mouvements : il les tourne lentement et avec douceur vers son maître; il a pour lui le regard de l'amitié, celui de l'attention lorsqu'il parle, le coup d'œil de l'intelligence quand il l'a écouté, celui de la pénétration lorsqu'il veut le prévenir; il semble réfléchir, délibérer, penser, et ne se déterminer qu'après avoir examiné et regardé à plusieurs fois et sans précipitation, sans passion, les signes auxquels il doit obéir. Les chiens, dont les yeux ont beaucoup d'expression, sont des animaux trop vifs pour qu'on puisse distinguer aisément les nuances successives de leurs sensations; mais comme l'éléphant est naturellement grave et modéré, on lit pour ainsi dire dans ses yeux, dont les mouvements se succèdent lentement, l'ordre et la suite de ses affections intérieures.

Il a l'ouïe très bonne, et cet organe est à l'extérieur, comme celui de l'odorat, plus marqué dans l'éléphant que dans aucun autre animal ; ses oreilles sont très grandes, beaucoup plus longues, même à proportion du corps, que celles de l'âne, et aplaties contre la tête comme celles de l'homme ; elles sont ordinairement pendantes, mais il les relève et les remue avec une grande facilité : elles lui servent à essuyer ses yeux, à les préserver de la poussière et des mouches. Il se délecte au son des instruments, et paraît aimer la musique : il apprend aisément à marquer la mesure, à se remuer en cadence, et à joindre à propos quelques accents au bruit des tambours et au son des trompettes. Son odorat est exquis, et il aime avec passion les parfums de toute espèce et surtout les fleurs odorantes ; il les choisit, il les cueille une à une, il en fait des bouquets ; et, après en avoir savouré l'odeur, il les porte à sa bouche et semble les goûter : la fleur d'oranger est un de ses mets les plus délicieux; il dépouille avec sa trompe un oranger de toute sa verdure, et en mange les fruits, les fleurs, les feuilles, et jus-

qu'au jeune bois. Il choisit dans les prairies les plantes odoriférantes, et dans les bois il préfère les cocotiers, les bananiers, les pal-
miers, les sagous; et comme ces arbres sont moelleux et tendres,
il en mange non seulement les feuilles, les fruits, mais même les
branches, le tronc et les racines; car, quand il ne peut arracher ces
branches avec sa trompe, il les déracine avec ses défenses.

A l'égard du sens du toucher, il ne l'a, pour ainsi dire, que dans
la trompe; mais il est aussi délicat, aussi distinct dans cette espèce
de main, que dans celle de l'homme. Cette trompe, composée de
membranes, de nerfs et de muscles, est en même temps un membre
capable de mouvement et un organe de sentiment : l'animal peut
non seulement la remuer, la fléchir, mais il peut la raccourcir, l'al-
longer, la courber, et la tourner en tous sens. L'extrémité de la
trompe est terminée par un rebord qui s'allonge par le dessus en
forme de doigt; c'est par le moyen de ce rebord et de cette espèce
de doigt que l'éléphant fait tout ce que nous faisons avec les doigts:
il ramasse à terre les plus petites pièces de monnaie ; il cueille les
herbes et les fleurs en les choisissant une à une ; il dénoue les
cordes, ouvre et ferme les portes en tournant les clefs et poussant
les verrous ; il apprend à tracer des caractères réguliers avec un
instrument aussi petit qu'une plume. On ne peut même disconvenir
que cette main de l'éléphant n'ait plusieurs avantages sur la nôtre :
elle est d'abord, comme on vient de le voir, également flexible, et
tout aussi adroite pour saisir, palper en gros et toucher en détail.
Toutes ces opérations se font par le moyen de l'appendice en
manière de doigt situé à la partie supérieure du rebord qui envi-

ronne l'extrémité de la trompe, et laisse dans le milieu une conca-
vité faite en forme de tasse, au fond de laquelle se trouvent les
deux orifices des conduits communs de l'odorat et de la respiration.
L'éléphant a donc le nez dans la main, et il est le maître de joindre
la puissance de ses poumons à l'action de ses doigts, et d'attirer par
une forte succion les liquides, ou d'enlever des corps solides très-
pesants, en appliquant à leur surface le bord de sa trompe, et faisant
un vide au dedans par aspiration.

La délicatesse du toucher, la finesse de l'odorat, la facilité du
mouvement et la puissance de succion, se trouvent donc à l'extrémité du nez de l'éléphant. De tous les instruments dont la nature a
si libéralement muni ses productions chéries, la trompe est peut-
être le plus complet et le plus admirable ; c'est non seulement un
instrument organique, mais un triple sens, dont les fonctions réu-
nies et combinées sont en même temps la cause et produisent les
effets de cette intelligence et de ces facultés qui distinguent l'éléphant et l'élèvent au-dessus de tous les animaux. Il est moins sujet
qu'aucun autre aux erreurs du sens de la vue, parce qu'il les rec-
tifie promptement par le sens du toucher, et que, se servant de sa
trompe comme d'un long bras pour toucher les corps au loin, il prend
comme nous des idées nettes de la distance par ce moyen ; au lieu
que les autres animaux (à l'exception du singe et de quelques
autres, qui ont des espèces de bras et de mains) ne peuvent acquérir ces mêmes idées qu'en parcourant l'espace avec leurs corps.

Quoique l'éléphant ait plus de mémoire et d'intelligence qu'aucun des animaux, il a cependant le cerveau plus petit que la

plupart d'entre eux, relativement au volume de son corps : ce
que je ne rapporte que comme une preuve particulière que le cerveau n'est point le siège des sensations, le *sensorium* commun,
lequel réside au contraire dans les nerfs des sens et dans les membranes de la tête : aussi les nerfs qui s'étendent dans la trompe de
l'éléphant sont en si grande quantité, qu'ils équivalent pour le
nombre à tous ceux qui se distribuent dans le reste du corps. C'est
donc en vertu de cette combinaison singulière des sens et de ces
facultés uniques de la trompe que cet animal est supérieur aux autres par l'intelligence, malgré l'énormité de sa masse, malgré la
disproportion de sa forme; car l'éléphant est en même temps un
miracle d'intelligence et un monstre de matière : le corps très épais
et sans aucune souplesse; le cou court et presque inflexible; la
tête petite et difforme; les oreilles excessives et le nez encore beaucoup plus excessif; les yeux trop petits, ainsi que la gueule et la
queue; les jambes massives, droites et peu flexibles; le pied si
court et si petit qu'il paraît être nul; la peau dure, épaisse et cal-
leuse : toutes ces difformités paraissent d'autant plus que toutes
sont modelées en grand; toutes d'autant plus désagréables à l'œil
que la plupart n'ont point d'exemple dans le reste de la nature-
aucun animal n'ayant ni la tête, ni les pieds, ni le nez, ni les oreil,
les, ni les défenses faites ou placées comme celles de l'éléphant.

Il résulte pour l'animal plusieurs inconvénients de cette conformation bizarre : il peut à peine tourner la tête ; il ne peut se tourner
lui-même pour rétrograder qu'en faisant un circuit. Les chasseurs
qui l'attaquent par derrière ou par le flanc évitent les effets de sa

vengeance par des mouvements circulaires ; ils ont le temps de lui
porter de nouvelles atteintes pendant qu'il fait effort pour se tourner contre eux. Les jambes, dont la rigidité n'est pas aussi grande
que celle du cou et du corps, ne fléchissent néanmoins que lentement et difficilement ; elles sont fortement articulées avec les cuisses. Il a le genou comme l'homme, et le pied aussi bas ; mais ce
pied sans étendue est aussi sans ressort et sans force, et le genou
est dur et sans souplesse ; cependant, tant que l'éléphant est
jeune et qu'il se porte bien, il le fléchit pour se coucher, pour se
laisser ou monter ou charger ; mais dès qu'il est vieux ou malade,
ce mouvement devient si difficile qu'il aime mieux dormir debout,
et que, si on le fait coucher par force, il faut ensuite des machines
pour le relever et le remettre en pied. Ses défenses, qui deviennent
avec l'âge d'un poids énorme, n'étant pas situées dans une position verticale comme les cornes des autres animaux, forment deux
longs leviers qui, dans cette direction presque horizontale, fati-
guent prodigieusement la tête et la tirent en bas : en sorte que l'a-
nimal est quelquefois obligé de faire des trous dans le mur de sa
loge, pour les soutenir et se soulager de leur poids. Il a le désavan-
tage d'avoir l'organe de l'odorat très éloigné de celui du goût,
l'incommodité de ne pouvoir rien saisir à terre avec sa bouche,
parce que son cou court ne peut plier pour laisser baisser assez la
tête : il faut qu'il prenne sa nourriture et même sa boisson avec le
nez ; il la porte ensuite non pas à l'entrée de la gueule, mais jusqu'à
son gosier ; et lorsque sa trompe est remplie d'eau, il en fourre
l'extrémité jusqu'à la racine de la langue, apparemment pour ra-

baisser l'épiglotte, et pour empêcher la liqueur, qui passe avec impétuosité, d'entrer dans le larynx; car il pousse cette eau par la force de la même haleine qu'il avait employée pour la pomper ; elle sort de la trompe avec bruit, et entre dans le gosier avec précipitation : la langue, la bouche, ni les lèvres, ne lui servent pas, comme aux autres animaux, à sucer ou laper sa boisson.

Le son de sa voix est très singulier : si l'on en croit les anciens, elle se divise pour ainsi dire en deux modes très différents et fort inégaux : il passe du son par le nez ainsi que par la bouche ; ce son prend des inflexions dans cette longue trompette ; il est rauque et filé comme celui d'un instrument d'airain, tandis que la voix qui passe par la bouche est entrecoupée de pauses courtes et de soupirs durs.

L'éléphant est encore singulier par la conformation des pieds et par la texture de la peau : il n'est pas revêtu de poil comme les autres quadrupèdes; sa peau est tout à fait rase ; il en sort seulement quelques soies dans les gerçures, et ces soies sont très clairsemées sur le corps, mais assez nombreuses aux cils des paupières, au derrière de la tête, dans les trous des oreilles, et au dedans des cuisses et des jambes. L'épiderme, dur et calleux, a deux espèces de rides, les unes en creux et les autres en relief ; il paraît déchiré par gerçures, et ressemble assez bien à l'écorce d'un vieux chêne. Dans l'homme et dans les animaux, l'épiderme est partout adhérent à la peau; dans l'éléphant, il est seulement attaché par quelques points, comme le sont deux étoffes piquées l'une sur l'autre. Cet épiderme est naturellement sec, et fort sujet à s'épaissir; il

acquiert souvent trois ou quatre lignes d'épaisseur, par le desséche-
ment successif des différentes couches qui se régénèrent les unes
sous les autres.

La piqûre des mouches se fait si bien sentir à l'éléphant, qu'il emploie non seulement ses mouvements naturels, mais même les ressources de son intelligence, pour s'en délivrer ; il se sert de sa
queue, de ses oreilles, de sa trompe, pour les frapper; il fronce sa
peau partout où elle peut se contracter, et les écrase entre ses rides ;
il prend des branches d'arbres, des rameaux, des poignées de longue paille, pour les chasser; et lorsque tout lui manque, il ramasse
de la poussière avec sa trompe, et en couvre tous les endroits sensibles : on l'a vu se poudrer ainsi plusieurs fois par jour, et se poudrer
à propos, c'est-à-dire en sortant du bain. L'usage de l'eau est presque aussi nécessaire à ces animaux que celui de l'air et de la terre ;
lorsqu'ils sont libres, ils quittent rarement le bord des rivières; ils
se mettent aussi souvent dans l'eau jusqu'au ventre, et ils y passent
quelques heures tous les jours. Aux Indes, où on a appris à les
traiter de la manière qui convient le mieux à leur naturel et à leur
tempérament, on les lave avec soin, et on leur donne tout le temps
nécessaire et toutes les facilités possibles pour se laver eux-mêmes :
on nettoie leur peau en la frottant avec de la pierre ponce, et ensuite
on leur met des essences, de l'huile et des couleurs.

La conformation des pieds et des jambes est encore singulière et
différente dans l'éléphant de ce qu'elle est dans la plupart des autres animaux : les jambes de devant paraissent avoir plus de hauteur que celles de derrière; cependant celles-ci sont un peu plus

longues ; elles ne sont pas pliées en deux endroits, comme les jambes de derrière du cheval ou du bœuf, dans lesquelles la cuisse est
presque entièrement engagée dans la croupe, le genou très près du
ventre, et les os du pied si élevés et si longs qu'ils paraissent faire
une grande partie de la jambe ; dans l'éléphant au contraire, cette
partie est très courte et pose à terre; il a le genou comme l'homme
au milieu de la jambe, et non pas près du ventre. Ce pied si court
et si petit est partagé en cinq doigts, qui tous sont recouverts par
la peau, et dont aucun n'est apparent au dehors. On voit seulement
des espèces d'ongles dont le nombre varie, quoique celui des doigts
soit constant ; car il y a toujours cinq doigts à chaque pied, et ordinairement aussi cinq ongles ; mais quelquefois il ne s'en trouve que
quatre, ou même trois, et dans ce cas ils ne correspondent pas exactement à l'extrémité des doigts. Au reste, cette variété, qui n'a été
observée que sur de jeunes éléphants transportés en Europe, paraît
être purement accidentelle, et dépend vraisemblablement de la manière dont l'éléphant a été traité dans les premiers temps de son accroissement. La plante du pied est revêtue d'une semelle de cuir dur
comme la corne, et qui déborde tout autour : c'est de cette même
substance que sont formés les ongles.

Les oreilles de l'éléphant sont très longues; il s'en sert comme
d'un éventail ; il les fait remuer et claquer comme il lui plaît. Sa
queue n'est pas plus longue que l'oreille, et n'a ordinairement que
deux pieds et demi ou trois pieds de longueur ; elle est assez me-
nue, pointue, et garnie à l'extrémité d'une houppe de gros poils ou
plutôt de filets de corne noirs, luisants et solides; ce poil ou cette

corne est de la grosseur et de la force d'un gros fil de fer, et un homme ne peut le casser en le tirant avec les mains, quoiqu'il soit élastique et pliant. Au reste, cette houppe de poils est un ornement très recherché des négresses, qui y attachent apparemment quelque superstition : une queue d'éléphant se vend quelquefois deux ou trois esclaves, et les nègres hasardent souvent leur vie pour tâcher de la couper et de l'enlever à l'animal vivant. Outre cette houppe de gros poils qui est à l'extrémité, la queue est couverte, ou plutôt parsemée dans sa longueur, de soies dures, et plus grosses que celles du sanglier ; il se trouve aussi de ces soies sur la partie convexe de la trompe et aux paupières, où elles sont quelquefois longues de plus d'un pied : ces soies ou poils aux deux paupières ne se trouvent guère que dans l'homme, le singe et l'éléphant.

Le climat, la nourriture et la condition influent beaucoup sur l'accroissement et la grandeur de l'éléphant ; en général, ceux qui sont pris jeunes et réduits à cet âge en captivité n'arrivent jamais aux dimensions entières de la nature. Les plus grands éléphants des Indes et des côtes orientales de l'Afrique ont quatorze pieds de hauteur ; les plus petits, qui se trouvent au Sénégal et dans les autres parties de l'Afrique occidentale, n'ont que dix ou onze pieds, et tous ceux qu'on a amenés jeunes en Europe ne se sont pas élevés à cette hauteur. « J'ai vu, dit un voyageur, quelques éléphants qui avaient « quatorze et quinze pieds de hauteur, avec la longueur et la grosseur « proportionnées. Le mâle est toujours plus grand que la femelle. « Le prix de ces animaux augmente à proportion de la grandeur,

« qui se mesure depuis l'œil jusqu'à l'extrémité du dos ; et quand
« cette dimension atteint un certain terme, le prix s'accroît comme
« celui des pierres précieuses... Les éléphants de Guinée ont dix, douze
« ou treize pieds de haut ; ils sont incomparablement plus petits que
« ceux des Indes orientales, puisque ceux qui ont écrit l'histoire de
« ces pays-là donnent à ceux-ci plus de coudées de haut que ceux-
« là n'en ont de pieds. J'ai vu des éléphants de treize pieds de haut ;
« et j'ai trouvé bien des gens qui m'ont dit en avoir vu de quinze
« pieds de haut. » De ces témoignages et de plusieurs autres qu'on
pourrait encore rassembler, on doit conclure que la taille la plus
ordinaire des éléphants est de dix à onze pieds, que ceux de treize et
de quatorze pieds de hauteur sont très rares, et que les plus petits ont
au moins neuf pieds lorsqu'ils ont pris tout leur accroissement dans
l'état de liberté. Ces masses énormes de matière ne laissent pas,
comme nous l'avons dit, de se mouvoir avec beaucoup de vitesse ;
elles sont soutenues par quatre membres qui ressemblent moins à
des jambes qu'à des piliers ou des colonnes massives de quinze ou
dix-huit pouces de diamètre, et de cinq ou six pieds de hauteur ; ces
jambes sont donc une ou deux fois plus longues que celles de
l'homme : ainsi, quand l'éléphant ne ferait qu'un pas tandis
qu'un homme en fait deux, il le surpasserait à la course. Au reste,
le pas ordinaire de l'éléphant n'est pas plus vite que celui du
cheval ; mais, quand on le pousse, il prend une espèce d'amble
qui, pour la vitesse, équivaut au galop. Il exécute donc avec
promptitude et même avec assez de liberté tous les mouvements directs ; mais il manque absolument de facilité pour les

mouvements obliques ou rétrogrades. C'est ordinairement dans
les chemins étroits et creux, où il a peine à se retourner, que les
nègres l'attaquent et lui coupent la queue, qui pour eux est d'un
aussi grand prix que tout le reste de la bête. Il a beaucoup de peine
à descendre les pentes trop rapides ; il est obligé de plier les
jambes de derrière, afin qu'en descendant le devant du corps
conserve le niveau avec la croupe, et que le poids de sa propre
masse ne le précipite pas. Il nage aussi très bien, quoique la forme
de ses jambes et de ses pieds paraisse indiquer le contraire ; mais
comme la capacité de la poitrine et du ventre est très grande, que
le volume des poumons et des intestins est énorme, et que toutes
ces grandes parties sont remplies d'air ou de matières plus légères
que l'eau, il enfonce moins qu'un autre ; il a dès lors moins de
résistance à vaincre, et peut par conséquent nager plus vite en
faisant moins d'efforts et moins de mouvements des jambes que
les autres. Aussi s'en sert-on très utilement pour le passage des
rivières : outre deux pièces de canon de trois ou quatre livres de
balle dont on le charge dans ces occasions, on lui met encore sur
le corps une infinité d'équipages, indépendamment de quantité de
personnes qui s'attachent à ses oreilles et à sa queue pour passer
l'eau ; lorsqu'il est ainsi chargé, il nage entre deux eaux, et on ne
lui voit que la trompe, qu'il tient élevée pour respirer.

Quoique l'éléphant ne se nourrisse ordinairement que d'herbes
et de bois tendre, et qu'il lui faille un prodigieux volume de cette
espèce d'aliment pour pouvoir en tirer la quantité de molécules
organiques nécessaires à la nutrition d'un aussi vaste corps, il n'a

cependant pas plusieurs estomacs, comme la plupart des animaux qui se nourrissent de même; il n'a qu'un estomac : il ne rumine pas; il est plutôt conformé comme le cheval que comme le bœuf ou les autres animaux ruminants.

Pour remplir d'aussi grandes capacités, il faut que l'animal mange, pour ainsi dire, continuellement, surtout lorsqu'il n'a pas de nourriture plus substantielle que l'herbe : aussi les éléphants sauvages sont presque toujours occupés à arracher des herbes, cueillir des feuilles, ou casser du jeune bois; et les domestiques, auxquels on donne une grande quantité de riz, ne laissent pas encore de cueillir des herbes dès qu'ils se trouvent à portée de le faire. Quelque grand que soit l'appétit de l'éléphant, il mange avec modération, et son goût pour la propreté l'emporte sur le sentiment du besoin ; son adresse à séparer avec sa trompe les bonnes feuilles d'avec les mauvaises, et le soin qu'il a de bien les secouer pour qu'il n'y reste point d'insectes ni de sable, sont des choses agréables à voir. Il aime beaucoup le vin, les liqueurs spiritueuses, l'eau-de-vie : on lui fait faire les corvées les plus pénibles et les entreprises les plus fortes en lui montrant un vase rempli de ces liqueurs, et en le lui promettant pour prix de ses travaux. Il paraît aimer aussi la fumée du tabac ; mais elle l'étourdit et l'enivre.

LES SINGES

J'appelle *singe* un animal dont la face est aplatie, dont les
dents, les mains, les doigts et les ongles ressemblent à ceux
de l'homme, et qui, comme lui, marche debout sur ses deux pieds.
Cette définition, tirée de la nature même de l'animal et de ces
rapports avec celle de l'homme, exclut, comme l'on voit, tous les
animaux qui ont des queues, tous ceux qui ont la face relevée ou le
museau long, tous ceux qui ont les ongles courbés, crochus ou
pointus, tous ceux qui marchent plus volontiers sur quatre que sur
deux pieds. D'après cette notion fixe et précise, voyons combien
il existe d'espèces d'animaux auxquelles on doive donner le nom
de *singe* Les anciens n'en connaissaient qu'une seule : le *pithécos*
des Grecs, le *simia* des Latins, est un *singe*, un vrai *singe*, et c'est
celui sur lequel Aristote, Pline et Galien ont institué toutes les
comparaisons physiques et fondé toutes les relations du singe à
l'homme ; mais ce pithèque, ce singe des anciens, si ressemblant à
l'homme par la conformation extérieure, et plus semblable encore
par l'organisation intérieure, en diffère néanmoins par un attribut
qui, quoique relatif en lui-même, n'en est cependant ici pas moins

essentiel : c'est la grandeur. La taille de l'homme en général est au-
dessus de cinq pieds : celle du pithèque n'atteint guère qu'au quart
de cette hauteur ; aussi ce singe eût-il été plus ressemblant à
l'homme, les anciens auraient eu raison de ne le regarder que
comme un homoncule, un nain manqué, un pygmée capable tout au
plus de combattre avec les animaux les plus faibles, tandis que
l'homme sait dompter l'éléphant et vaincre le lion.

Mais depuis les anciens, depuis la découverte des parties méridionales de l'Afrique et des Indes, on a trouvé un autre singe avec cet
attribut de grandeur, un singe aussi haut, aussi fort que l'homme,
un singe qui sait porter des armes, qui se sert de pierres pour attaquer et de bâtons pour se défendre, et qui d'ailleurs ressemble encore
à l'homme plus que le pithèque ; car indépendamment de ce qu'il
n'a point de queue, de ce que sa face est aplatie, que ses bras, ses
mains, ses doigts, ses ongles, sont pareils aux nôtres, et qu'il marche toujours debout, il a une espèce de visage, des traits approchants
de ceux de l'homme, des oreilles de la même forme, des cheveux
sur la tête, de la barbe au menton, et du poil ni plus ni moins que
l'homme en a dans l'état de nature : aussi les habitants de son pays,
les Indiens policés, n'ont pas hésité de l'associer à l'espèce humaine
par le nom d'*orang-outang*, homme sauvage, tandis que les nègres,
presque aussi sauvages, aussi laids que ces singes, et qui n'imagi-
nent pas que, pour être plus ou moins policé, l'on soit plus ou moins
homme, leur ont donné un nom propre, *pongo*, un nom de bête et
non pas d'homme ; et cet orang-outang ou ce pongo n'est en effet
qu'un animal, mais un animal très singulier, que l'homme ne peut

Les Singes.

voir sans rentrer en lui-même, sans se reconnaître, sans se convain-
cre que son corps n'est pas la partie la plus essentielle de sa nature.

Voilà donc deux animaux, le pithèque et l'orang-outang, auxquels
on doit appliquer le nom de *singe*, et il y en a un troisième auquel on
ne peut guère le refuser, quoiqu'il soit difforme, et par rapport à
l'homme, et par rapport au singe. Cet animal, jusqu'à présent inconnu,
et qui a été apporté des Indes orientales sous le nom de *gibbon*, marche
debout comme les deux autres, et a la face aplatie : il est aussi sans
queue ; mais ses bras, au lieu d'être proportionnés comme ceux de
l'homme, ou du moins comme ceux de l'orang-outang ou du pithèque, à la hauteur du corps, sont d'une longueur si démesurée, que
l'animal étant debout sur ses deux pieds, touche encore la terre
avec ses mains, sans courber le corps et sans plier les jambes. Ce
singe est le troisième et le dernier auquel on doive donner ce nom ;
c'est, dans ce genre, une espèce monstrueuse, hétéroclite, comme
l'est dans l'espèce humaine la race des homme à grosses jambes,
dite *de Saint-Thomas*.

Après les singes, se présente une autre famille d'animaux, que
nous indiquerons sous le nom générique de *babouin* ; et, pour les
distinguer nettement de tous les autres, nous dirons que le babouin
est un animal à queue courte, à face allongée, à museau large et relevé, avec des dents canines plus grosses à proportion que celles
de l'homme. Par cette définition, nous excluons de cette famille
tous les singes qui n'ont point de queue, toutes les guenons, tous
les sapajous et sagouins qui n'ont pas la queue courte, mais qui tous

l'ont aussi longue ou plus longue que le corps, et tous les makis, loris, et autres quadrumanes qui ont le museau mince et pointu. Les anciens n'ont jamais eu de nom propre pour ces animaux : Aristote est le seul qui paraît avoir désigné l'un de ces babouins par le nom de *simia porcaria*; encore n'en donne-t-il qu'une indication fort indirecte. Les Italiens sont les premiers qui l'aient nommé *babuino*; les Allemands l'ont appelé *bavion*; les Français, *babouin*; et tous les auteurs qui, dans ces derniers siècles, ont écrit en latin, l'ont désigné par le nom *papio*: nous l'appellerons nous-même *papion*, pour le distinguer des autres babouins qu'on a trouvés depuis dans les provinces méridionales de l'Afrique et des Indes. Nous connaissons trois espèces de ces animaux : 1° le *papion* ou *babouin* proprement dit, dont nous venons de parler, qui se trouve en Libye et en Arabie, et qui vraisemblablement est le *simia porcaria* d'Aristote ; 2° le *mandrill*, qui st un babouin encore plus grand que le papion, avec la face violette, le nez et les joues sillonnés de rides profondes et obliques, qui se trouve en Guinée et dans les parties les plus chaudes de l'Afrique ; 3° l'*ouanderou*, qui n'est pas si gros que le papion, ni si grand que le mandrill, dont le corps est moins épais, et qui a la tête et toute la face environnées d'une espèce de crinière très longue et très épaisse. On le trouve à Ceylan, au Malabar, et dans les autres provinces méridionales de l'Inde. Ainsi voilà trois singes et trois babouins bien définis, bien séparés, et tous six distinctement différents les uns des autres.

Mais comme la nature ne connaît pas nos définitions ; qu'elle n'a jamais rangé ses ouvrages par tas, ni les êtres par genres ; que

sa marche, au contraire, va toujours par degrés, et que son plan
est nuancé partout, et s'étend en tout sens, il doit se trouver entre
le genre du singe et celui du babouin quelque espèce intermédiaire
qui ne soit précisément ni l'un ni l'autre, et qui cependant participe des deux. Cette espèce intermédiaire existe en effet, et c'est l'a-
nimal que nous appelons *magot*; il se trouve placé entre nos deux définitions : il fait la nuance entre les singes et les babouins ; il diffère
des premiers en ce qu'il a le museau allongé et de grosses dents
canines ; il diffère des seconds, parce qu'il n'a réellement point de
queue, quoiqu'il ait un petit appendice de peau qui a l'apparence
d'une naissance de queue : il n'est par conséquent ni singe ni babouin,
et tient en même temps de la nature des deux. Cet animal, qui est
ort commun dans la haute Égypte, ainsi qu'en Barbarie, était connu
des anciens ; les Grecs et les Latins l'ont nommé *cynocéphale*, parce
que son museau ressemble assez à celui d'un dogue. Ainsi, pour présenter ces animaux, voici l'ordre dans lequel on doit les ranger :
l'*orang-outang* ou *pongo*, premier singe ; le *pithèque*, second singe ; le
gibbon, troisième singe, mais difforme ; le *cynocéphale* ou *magot*, quatrième singe ou premier babouin *;* le *papion*, premier babouin ; le
mandrill, second babouin *;* l'*ouanderou*, troisième babouin. Cet ordre
n'est ni arbitraire ni fictif, mais relatif à l'échelle même de la nature.

Après les singes et les babouins, se trouvent les guenons ; c'est ainsi
que j'appelle, d'après notre idiome ancien, les animaux qui ressemblent aux singes ou aux babouins, mais qui ont de longues queues,
c'est-à-dire des queues aussi longues ou plus longues que le corps. Le

mot *guenon* a eu, dans ces derniers siècles, deux acceptions différentes de celle que nous lui donnons ici : l'on a employé ce mot *guenon* généralement pour désigner les singes de petite taille, et en même temps on l'a employé particulièrement pour nommer la femelle du singe ; mais plus anciennement nous appelions *singes* ou *magots* les singes sans queue, et *guenons* ou *mones* ceux qui avaient une longue queue.

Parmi les animaux mêmes, quoique tous dépourvus du principe pensant, ceux dont l'éducation est la plus longue sont aussi ceux qui paraissent avoir le plus d'intelligence : l'éléphant, qui de tous est le plus longtemps à croître, et qui a besoin des secours de sa mère pendant toute la première année, est aussi le plus intelligent de tous ; le cochon d'Inde, auquel il ne faut que trois semaines d'âge pour prendre tout son accroissement, est peut-être par cette seule raison l'un des plus stupides ; et à l'égard du singe, dont il s'agit ici de décider la nature, quelque ressemblant qu'il soit à l'homme, il a néanmoins une si forte teinture d'animalité, qu'elle se reconnaît dès le moment de la naissance ; car il est à proportion plus fort que l'enfant, il croît beaucoup plus vite, les secours de la mère ne lui sont nécessaires que pendant les premiers mois, il ne reçoit qu'une éducation purement individuelle, et par conséquent aussi stérile que celle des autres animaux.

Il est donc animal, et, malgré sa ressemblance à l'homme, bien loin d'être le second dans notre espèce, il n'est pas le premier dans l'ordre des animaux, puisqu'il n'est pas le plus intelligent : c'est **uniquement sur ce rapport de ressemblance corporelle** qu'est appuyé le préjugé de la grande opinion qu'on s'est formée des facultés du singe : il nous ressemble, a-t-on dit, tant à l'extérieur qu'à l'intérieur ; il doit donc non seulement nous imiter, mais faire encore de lui-même tout ce que nous faisons. On vient de voir que toutes les actions qu'on doit appeler humaines sont relatives à la société ; qu'elles dépendent d'abord de l'âme, et ensuite de l'éducation, dont le principe physique est la nécessité de la longue habitude des parents à l'enfant ; que dans le singe cette habitude est fort courte ; qu'il ne reçoit, comme les autres animaux, qu'une éducation purement individuelle, et qu'il n'est pas même susceptible de celle de l'espèce ; par conséquent il ne peut rien faire de tout ce que l'homme fait, puisque aucune de ses actions n'a le même principe ni la même fin. Et à l'égard de l'imitation, qui paraît être le caractère le plus marqué, l'attribut le plus frappant de l'espèce du singe, et que le vulgaire lui accorde comme un talent unique, il faut, avant de décider, examiner si cette imitation est libre ou forcée. Le singe nous imite-t-il parce qu'il le veut, ou bien parce que sans le vouloir il le peut ? J'en appelle sur cela volontiers à tous ceux qui ont observé cet animal sans prévention, et je suis convaincu qu'ils diront avec moi qu'il n'y a rien de libre, rien de volontaire, dans cette imitation ; le singe ayant des bras et des mains, s'en sert comme nous, mais sans songer à nous ; la similitude des membres et des organes produit nécessairement des mouvements et quelquefois même des suites de mouvements qui ressemblent aux nôtres : étant conformé comme l'homme, le singe ne peut que se mouvoir comme lui ; mais se mouvoir de même n'est pas agir pour imiter. Qu'on donne à deux corps

bruts la même impulsion ; qu'on construise deux pendules, deux
machines pareilles, elles se mouvront de même, et l'on aurait tort
de dire que ces corps bruts ou ces machines ne se meuvent ainsi que
pour s'imiter. Il en est de même du singe relativement au corps de
l'homme : ce sont deux machines construites, organisées de même,
qui par nécessité de nature se meuvent à très peu près de la même
façon : néanmoins parité n'est pas imitation ; l'une gît dans la matière, et l'autre n'existe que par l'esprit : l'imitation suppose le dessein d'imiter ; le singe est capable de former ce dessein, qui demande
une suite de pensées, et par cette raison l'homme peut, s'il le
veut, imiter le singe, et le singe ne peut pas même vouloir imiter
l'homme.

Et cette parité, qui n'est que le physique de l'imitation, n'est pas
aussi complète ici que la similitude, dont cependant elle émane
comme effet immédiat. Le singe ressemble plus à l'homme par le
corps et les membres que par l'usage qu'il en fait ; en l'observant
avec quelque attention, on s'apercevra aisément que tous ses mouvements sont brusques, intermittents, précipités, et que, pour les
comparer à ceux de l'homme, il faudrait leur supposer une autre
échelle, ou plutôt un module différent. Toutes les actions du singe
tiennent de son éducation, qui est purement animale ; elles nous paraissent ridicules, inconséquentes, extravagantes, parce que nous
nous trompons d'échelle en les rapportant à nous, et que l'unité qui
doit leur servir de mesure est très différente de la nôtre. Comme sa
nature est vive, son naturel pétulant, qu'aucune de ses affections
n'a été mitigée par l'éducation, toutes ses habitudes sont exces-

sives, et ressemblent [beaucoup plus aux mouvements d'un maniaque qu'aux actions d'un homme, ou même d'un animal tranquille. C'est par la même raison que nous le trouvons indocile, et qu'il reçoit difficilement les habitudes qu'on voudrait lui transmettre ; il est insensible aux caresses, et n'obéit qu'au châtiment ; on peut le tenir en captivité, mais non pas en domesticité ; toujours triste ou revêche, toujours répugnant, grimaçant, on le dompte plutôt qu'on ne le prive : aussi l'espèce n'a jamais été domestique nulle part ; et par ce rapport il est plus éloigné de l'homme que la plupart des animaux : car la docilité suppose quelque analogie entre celui qui donne et celui qui reçoit : c'est une qualité relative qui ne peut être exercée que lorsqu'il se trouve des deux parts un certain nombre de facultés communes, qui ne diffèrent entre elles que parce qu'elles sont actives dans le maître et passives dans le sujet. Or le passif du singe a moins de rapport avec l'actif de l'homme que le passif du chien ou de l'éléphant, qu'il suffit de bien traiter pour leur communiquer les sentiments doux et même délicats de l'attachement fidèle, de l'obéissance volontaire, du service gratuit, et du dévouement sans réserve.

Le singe est donc plus loin de l'homme que la plupart des autres animaux par les qualités relatives ; il en diffère aussi beaucoup par le tempérament. L'homme peut habiter tous les climats ; il vit, il multiplie dans ceux du Nord et dans ceux du Midi : le singe a de la peine à vivre dans les contrées tempérées, et ne peut multiplier que dans les pays les plus chauds. Cette différence dans le tempérament en suppose d'autres dans l'organisation, qui, quoique cachées, n'en

sont pas moins réelles ; elle doit aussi influer beaucoup sur le naturel : l'excès de chaleur qui est nécessaire à la pleine vie de
cet animal rend excessives toutes ses affections et toutes ses
qualités.

LES ORANGS-OUTANGS

OU LE PONGO ET LE JOCKO

Nous présentons ces deux animaux ensemble, parce qu'il se peut qu'ils ne fassent tous deux qu'une seule et même espèce. Ce sont de tous les singes ceux qui ressemblent le plus à l'homme, ceux qui, par conséquent, sont les plus dignes d'être observés. Nous avons vu le petit orang-outang ou le jocko vivant, et nous en avons conservé les dépouilles ; mais nous ne pouvons parler du pongo ou grand orang-outang que d'après les relations des voyageurs. Si elles étaient fidèles, si souvent elles n'étaient pas obscures, fautives, exagérées, nous ne douterions pas qu'il ne fût d'une autre espèce que le jocko, d'une espèce plus parfaite, et plus voisine encore de l'espèce de l'homme. Bontius, qui était médecin en chef à Batavia, et qui nous a laissé de bonnes observations sur l'histoire naturelle de cette partie des Indes, dit expressément qu'il a vu avec admiration quelques individus de cette espèce marchant debout sur leurs pieds, et entre autres une femelle (dont il donne la figure) qui pleurait, gémissait, et faisait les autres actions humaines, de manière qu'il semblait que rien ne lui manquât que la parole.

Edward Tyson, célèbre anatomiste anglais, qui a fait une très bonne description tant des parties extérieures qu'intérieures de l'orang-outang, dit qu'il y en a de deux espèces, et que celui qu'il décrit n'est pas si grand que l'autre appelé *barris* ou *baris* par les voyageurs, et vulgairement *drill* par les Anglais. Ce barris ou drill est en effet le grand orang-outang des Indes orientales, ou le pongo de Guinée ; et le pygmée décrit par Tyson est le jocko que nous avons vu vivant. Le philosophe Gassendi ayant avancé, sur le rapport d'un voyageur nommé Saint-Amand, qu'il y avait dans l'île de Java une espèce de créature qui faisait la nuance entre l'homme et le singe, on n'hésita pas à nier le fait : pour le prouver, on produisit une lettre d'un M. Noël (*Natalis*), médecin, qui demeurait en Afrique, par laquelle il assure qu'on trouve en Guinée de très grands singes appelés *barris*, qui marchent sur deux pieds, qui ont plus de gravité et beaucoup plus d'intelligence que tous les autres singes. D'autres voyageurs disent à peu près les mêmes choses du barris. Battel l'appelle *pongo*, et assure « qu'il est, dans toutes ses proportions, semblable à l'homme ; seulement qu'il est plus grand ; grand, dit-il, comme un géant ; qu'il a la face comme l'homme, les yeux enfoncés, de longs cheveux aux côtés de la tête, le visage nu et sans poil, aussi bien que les oreilles et les mains, le corps légèrement velu ; et qu'il ne diffère de l'homme à l'extérieur que par les jambes, parce qu'il n'a que peu ou point de mollets ; que cependant il marche toujours debout ; qu'il dort sur les arbres, et se construit

Le gorille (Muséum d'histoire naturélle).

une hutte, un abri contre le soleil et la pluie ; qu'il vit de fruit et ne
mange point de chair ; qu'il ne peut parler, quoiqu'il ait plus d'en-
tendement que les autres animaux ; que quand les nègres font du
feu dans les bois, ces pongos viennent s'asseoir autour et se chauf-
fer, mais qu'ils n'ont pas assez d'esprit pour entretenir le feu en y
mettant du bois ; qu'ils vont de compagnie, et tuent quelquefois
des nègres dans les lieux écartés ; qu'ils attaquent même l'éléphant,
qu'ils le frappent à coups de bâton, et le chassent de leurs bois ;
qu'on ne peut prendre ces pongos vivants, parce qu'ils sont si forts
que dix hommes ne suffiraient pas pour en dompter un seul ; qu'on
ne peut donc attraper que les petits tout jeunes ; que la mère les porte
marchant debout, et qu'ils se tiennent attachés à son corps avec les
mains et les genoux ; qu'il y a deux espèces de ces singes très res-
semblants à l'homme, le pongo, qui est aussi grand et plus gros
qu'un homme, et l'enjocko, qui est beaucoup plus petit. » C'est
de ce passage très précis que j'ai tiré les noms de *pongo* et de *jocko*.
Battel dit encore que, lorsqu'un de ces animaux meurt, les autres
couvrent son corps d'un amas de branches et de feuillages. Un autre
voyageur ajoute, en forme de note, que, dans les conversations qu'il
avait eues avec Battel, il avait appris de lui qu'un pongo lui enleva
un petit nègre, qui passa un an entier dans la société de ces animaux ;
qu'à son retour ce petit nègre raconta qu'ils ne lui avaient fait aucun mal ; que communément ils étaient de la hauteur de l'homme,
mais qu'ils sont plus gros et qu'ils ont à peu près le double du
volume d'un homme ordinaire. On assure avoir vu, dans les
endroits fréquentés par ces animaux, une sorte d'habitation compo-

sée de branches entrelacées, qui pouvait servir du moins à les garantir de l'ardeur du soleil. « Les singes de Guinée, dit Bosman,
que l'on appelle *smitten* en flamand, sont de couleur fauve, et deviennent extrêmement grands; j'en ai vu, ajoute-t-il, un de mes
propres yeux qui avait cinq pieds de haut.... Ces singes ont une assez vilaine figure, aussi bien que ceux d'une seconde espèce qui
leur ressemblent en tout, si ce n'est que quatre de ceux-ci seraient
à peine aussi gros qu'un de la première espèce.... On peut leur ap-
prendre presque tout ce que l'on veut... »

Voilà ce que nous avons trouvé de plus précis et de plus certain
au sujet du grand orang-outang ou pongo : et comme la grandeur
est le seul caractère bien marqué par lequel il diffère du jocko, je
persiste à croire qu'ils sont de la même espèce ; car il y a ici deux
choses possibles : la première, que le jocko soit une variété constante, c'est-à-dire une race beaucoup plus petite que celle du pongo.
A la vérité, ils sont tous deux du même climat, ils vivent de la
même façon , et devraient par conséquent se ressembler en tout ,
puisqu'ils subissent et reçoivent également les mêmes altérations,
les mêmes influences de la terre et du ciel. Mais n'avons-nous pas
dans l'espèce humaine un exemple de variété semblable? Le Lapon
et le Finlandais, sous le même climat, diffèrent entre eux presque
autant par la taille et beaucoup plus pour les autres attributs, que
le jocko ou petit orang-outang ne diffère du grand. La seconde
chose possible, c'est que le jocko ou petit orang-outang que nous
avons vu vivant, et les autres qu'on a transportés en Europe, n'é-
taient peut-être tous que de jeunes animaux qui n'avaient encore

L'Oraug-Outang préparant son lit.

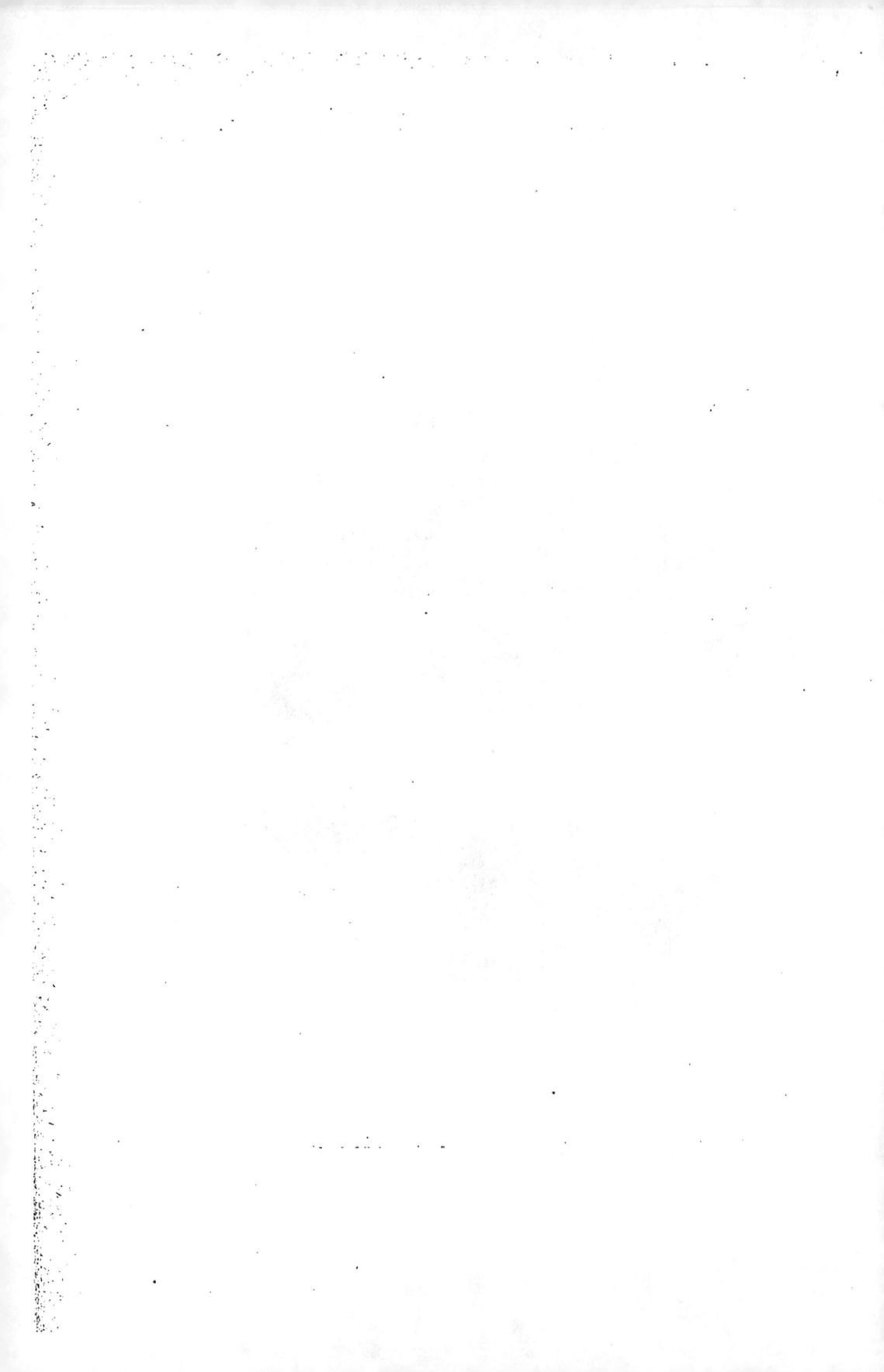

pris qu'une partie de leur accroissement. Celui que j'ai vu avait près de deux pieds et demi de hauteur ; le maître auquel il appartenait m'assura qu'il n'avait que deux ans. Il aurait donc pu parvenir à plus de cinq pieds de hauteur s'il eût vécu, en supposant son accroissement proportionnel à celui de l'homme. L'orang-outang de Tyson était encore plus jeune ; car il n'avait qu'environ deux pieds de hauteur, et ses dents n'étaient pas entièrement formées. Il est donc très probable que ces jeunes animaux auraient pris avec l'âge un accroissement considérable, et que s'ils eussent été en liberté dans leur climat, ils auraient acquis la même hauteur, les mêmes dimensions que les voyageurs donnent à leur grand orang-outang. Ainsi nous ne considérons plus ces deux animaux comme différents entre eux, mais comme ne faisant qu'une seule et même espèce, en attendant que des connaissances plus précises détruisent ou confirment cette opinion, qui nous paraît fondée.

L'orang-outang que j'ai vu marchait toujours debout sur ses deux pieds, même en portant des choses lourdes ; son air était assez triste, sa démarche grave, ses mouvements mesurés, son naturel doux, et très différent de celui des autres singes ; il n'avait ni l'impatience du magot, ni la méchanceté du babouin, ni l'extravagance des guenons. Il avait été, dira-t-on, instruit et bien appris ; mais les autres que je viens de citer et que je lui compare avaient eu de même leur éducation. Le signe et la parole suffisaient pour faire agir notre orang-outang ; il fallait le bâton pour le babouin, et le fouet pour tous les autres, qui n'obéissent guère qu'à la force des coups. J'ai vu cet animal présenter sa main pour reconduire les gens qui venaient le visiter, se promener gravement avec eux, et comme de compagnie ; je l'ai vu s'asseoir à table, déployer sa serviette, s'en essuyer les lèvres, se servir de la cuiller et de la fourchette pour porter à sa bouche, verser lui-même sa boisson dans un verre, le choquer lorsqu'il y était invité, aller prendre une tasse et une soucoupe, l'apporter sur la table, y mettre du sucre, y verser du thé, le laisser refroidir pour le boire, et tout cela sans autre instigation que les signes ou la parole de son maître, et souvent de lui-même. Il ne faisait de mal à personne, s'approchait même avec circonspection, et se présentait comme pour demander des caresses. Il aimait prodigieusement les bonbons : tout le monde lui en donnait ; et comme il avait une toux fréquente et la poitrine attaquée, cette grande quantité de choses sucrées contribua sans doute à abréger sa vie. Il ne vécut à Paris qu'un été, et mourut l'hiver suivant à Londres. Il mangeait presque de tout ; seulement il préférait les fruits mûrs et secs à tous les autres aliments. Il buvait du vin, mais en petite quantité ; il le laissait volontiers pour du lait, du thé , ou d'autres liqueurs douces.

Si l'on veut reconnaître ce qui appartient en propre à cet animal et le distinguer de ce qu'il avait reçu de son maître ; si l'on veut séparer sa nature de son éducation, qui en effet lui était étrangère, puisqu'au lieu de la tenir de ses père et mère, il l'avait reçue des hommes, il faut comparer ces faits dont nous avons été témoins avec ceux que nous ont donnés les voyageurs qui ont vu ces animaux dans leur état de nature, en liberté, et en captivité. M. de la Brosse, qui avait acheté d'un nègre deux petits orangs-outangs qui

n'avaient qu'un an d'âge, ne dit pas si le nègre les avait éduqués ;
il paraît assurer, au contraire, que c'était d'eux-mêmes qu'ils faisaient une grande partie des choses que nous avons rapportées ci-
dessus. « Ces animaux, dit-il, ont l'instinct de s'asseoir à table
comme les hommes ; ils mangent de tout sans distinction ; ils se
servent du couteau, de la cuiller et de la fourchette, pour couper
et prendre ce qu'on leur sert sur l'assiette : ils boivent du vin et
d'autres liqueurs. Nous les portâmes à bord : quand ils étaient à
table, ils se faisaient entendre des mousses lorsqu'ils avaient besoin
de quelque chose ; et quelquefois, quand ces enfants refusaient de
leur donner ce qu'ils demandaient, ils se mettaient en colère, leur
saisissaient les bras, les mordaient, et les abattaient sous eux...
Le mâle fut malade en rade : il se faisait soigner comme une personne ; il fut même saigné deux fois au bras droit : toutes les fois
qu'il se trouva depuis incommodé, il montrait son bras pour qu'on
le saignât, comme s'il eût su que cela lui avait fait du bien. »

Si l'on veut résumer les différences qui éloignent les orangs-outangs
de l'espèce humaine, et les conformités qui l'en approchent, on voit
que l'orang-outang diffère de l'homme à l'extérieur par le nez qui
n'est pas proéminent, par le front qui est trop court, par le menton
qui n'est pas relevé à la base ; qu'il a les oreilles proportionnelle-
ment trop grandes, les yeux trop voisins l'un de l'autre ; que l'intervalle entre le nez et la bouche est aussi trop étendu : ce sont là
les seules différences de la face de l'orang-outang avec le visage de
l'homme. Le corps et les membres diffèrent en ce que les cuisses
sont relativement trop courtes, les bras trop longs, les pouces trop

petits, la paume des mains trop longue et trop serrée, les pieds plutôt faits comme des mains que comme des pieds humains.

A l'intérieur, cette espèce diffère de l'espèce humaine par le nombre des côtes ; l'homme n'en a que douze, l'orang-outang en a treize : il a aussi les vertèbres du cou plus courtes, les hanches plus plates, les orbites des yeux plus enfoncées ; toutes les autres parties du corps, de la tête et des membres, tant extérieures qu'intérieures, sont si parfaitement semblables à celles de l'homme, qu'on ne peut les comparer sans admiration, sans être étonné que, d'une conformation si pareille et d'une organisation qui est absolument la même, il n'en résulte pas les mêmes effets. Par exemple, la langue et tous les organes de la voix sont les mêmes que dans l'homme ; et cependant l'orang-outang ne parle pas ; le cerveau est absolument de la même forme et de la même proportion, et il ne pense pas : y a-t-il une preuve plus évidente que la matière seule, quoique parfaitement organisée, ne peut produire ni la pensée, ni la parole qui en est le signe, à moins qu'elle ne soit animée par un principe supérieur ? L'homme et l'orang-outang sont les seuls qui soient faits pour marcher debout ; les seuls qui aient la poitrine large, les épaules aplaties, et les vertèbres conformées l'une comme l'autre ; les seuls dont le cerveau, le cœur, les poumons, le foie, la rate, le pancréas, l'estomac, les boyaux, soient absolument pareils. Enfin l'orang-outang ressemble plus à l'homme qu'à aucun des animaux, plus même qu'aux babouins et aux guenons, non seulement par toutes les parties que je viens d'indiquer, mais encore par la largeur du visage, la forme du crâne, des mâchoires, des dents, des autres os de la tête et de la face, par la grosseur des doigts et du pouce, par la figure des ongles, et enfin par la conformité dans les articulations, dans la grandeur et la figure de la rotule, etc., en sorte qu'en comparant cet animal avec ceux qui lui ressemblent le plus, comme avec le magot, le babouin ou la guenon, il se trouve encore avoir plus de conformité avec l'homme qu'avec ces animaux, dont les espèces cependant paraissent être si voisines de la sienne, qu'on les a toutes désignées par le même nom de *singes* : ainsi les Indiens sont excusables de l'avoir associé à l'espèce humaine par le nom d'*orang-outang*, homme sauvage, puisqu'il ressemble à l'homme par le corps plus qu'il ne ressemble aux autres singes ou à aucun autre animal.

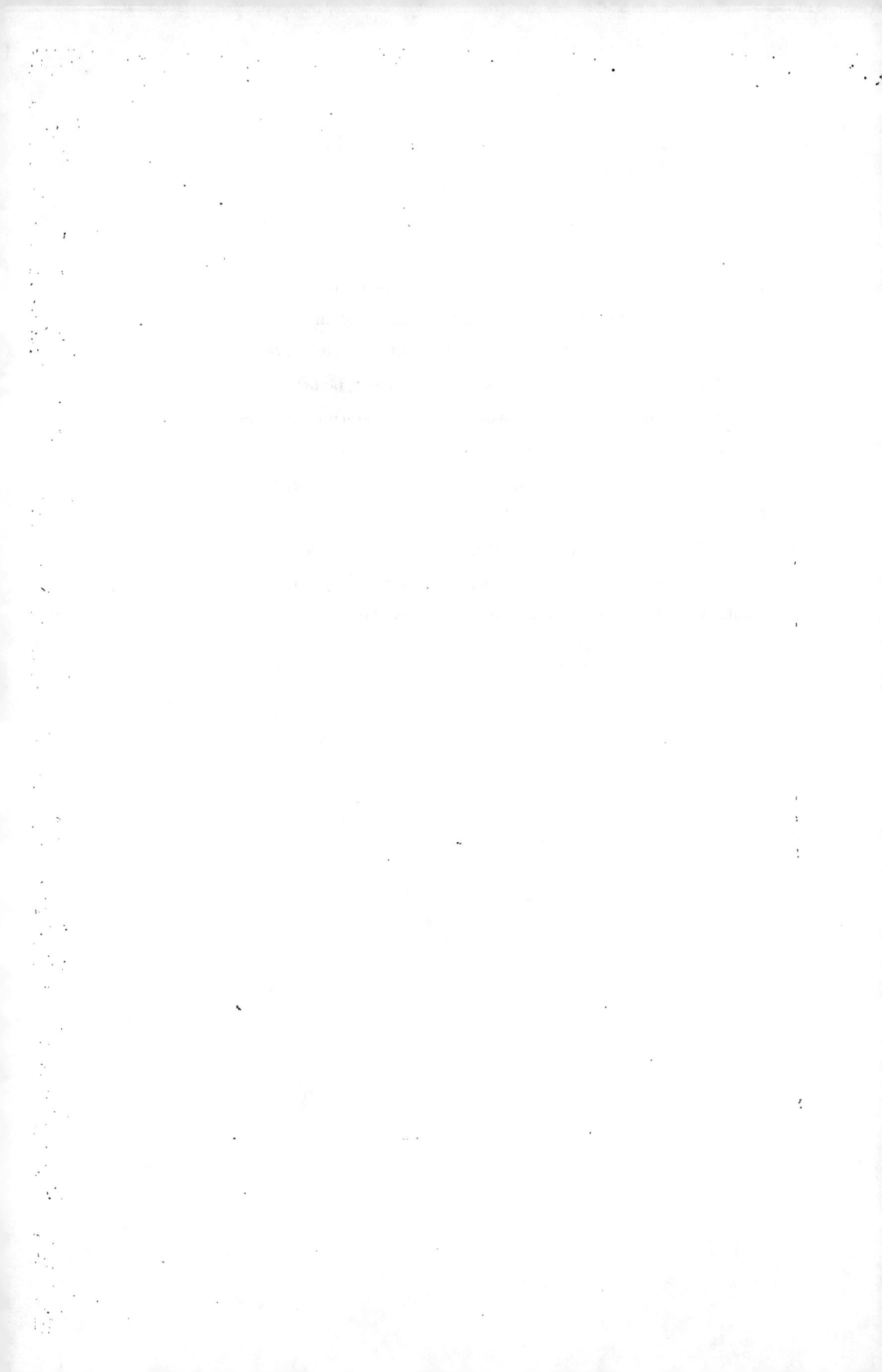

LE CASTOR

Autant l'homme s'est élevé au-dessus de l'état de nature, autant les
animaux se sont abaissés au-dessous ; soumis et réduits en servitude,
ou traités comme rebelles et dispersés par la force, leurs sociétés se
sont évanouies, leur industrie est devenue stérile, leurs faibles arts
ont disparu ; chaque espèce a perdu ses qualités générales, et tous
n'ont conservé que leurs propriétés individuelles, perfectionnées dans
les uns par l'exemple, l'imitation, l'éducation, et dans les autres par
la crainte et par la nécessité où ils sont de veiller continuellement
à leur sûreté. Quelles vues, quels desseins, quels projets peuvent
avoir des esclaves sans âme, ou des relégués sans puissance ? Ramper
ou fuir, et toujours exister d'une manière solitaire ; ne rien édifier,
ne rien produire, ne rien transmettre, et toujours languir dans la
calamité ; déchoir, se perpétuer sans se multiplier ; perdre, en un
mot, par la durée autant et plus qu'ils n'avaient acquis par le temps.

Aussi ne reste-t-il quelques vestiges de leur merveilleuse industrie
que dans des contrées éloignées et désertes, ignorées de l'homme pendant une longue suite de siècles, où chaque espèce pouvait manifester
en liberté ses talents naturels, et les perfectionner dans le repos en se

réunissant en société durable. Les castors sont peut-être le seul exemple qui subsiste comme un ancien monument de cette espèce d'intelligence des brutes, qui, quoique infiniment inférieure par son principe à celle de l'homme, suppose cependant des projets communs
et des vues relatives ; projets qui, ayant pour base la société, et
pour objet une digue à construire, une bourgade à élever, une espèce
de république à fonder, supposent aussi une manière quelconque de
s'entendre et d'agir de concert.

Les castors, dira-t-on, sont parmi les quadrupèdes ce que les
abeilles sont parmi les insectes. Quelle différence ! Il y a dans la
nature, telle qu'elle nous est parvenue, trois espèces de société
qu'on doit considérer avant de les comparer : la société libre de
l'homme, de laquelle, après Dieu, il tient toute sa puissance ; la
société gênée des animaux, toujours fugitive devant celle de l'homme,
et enfin la société forcée de quelques petites bêtes qui, naissant
toutes en même temps dans le même lieu, sont contraintes d'y demeurer ensemble. Un individu pris solitairement, et au sortir des
mains de la nature, n'est qu'un être stérile, dont l'industrie se
borne au simple usage des sens ; l'homme lui-même dans l'état de
pure nature, dénué de lumières et de tous les secours de la société,
ne produit rien, n'édifie rien. Toute société, au contraire, devient
nécessairement féconde, quelque fortuite, quelque aveugle qu'elle
puisse être, pourvu qu'elle soit composée d'êtres de même nature :
par la seule nécessité de se chercher ou de s'éviter, il s'y formera
des mouvements communs, dont le résultat sera souvent un ouvrage qui aura l'air d'avoir été conçu, conduit et exécuté avec intel-

Les Castors.

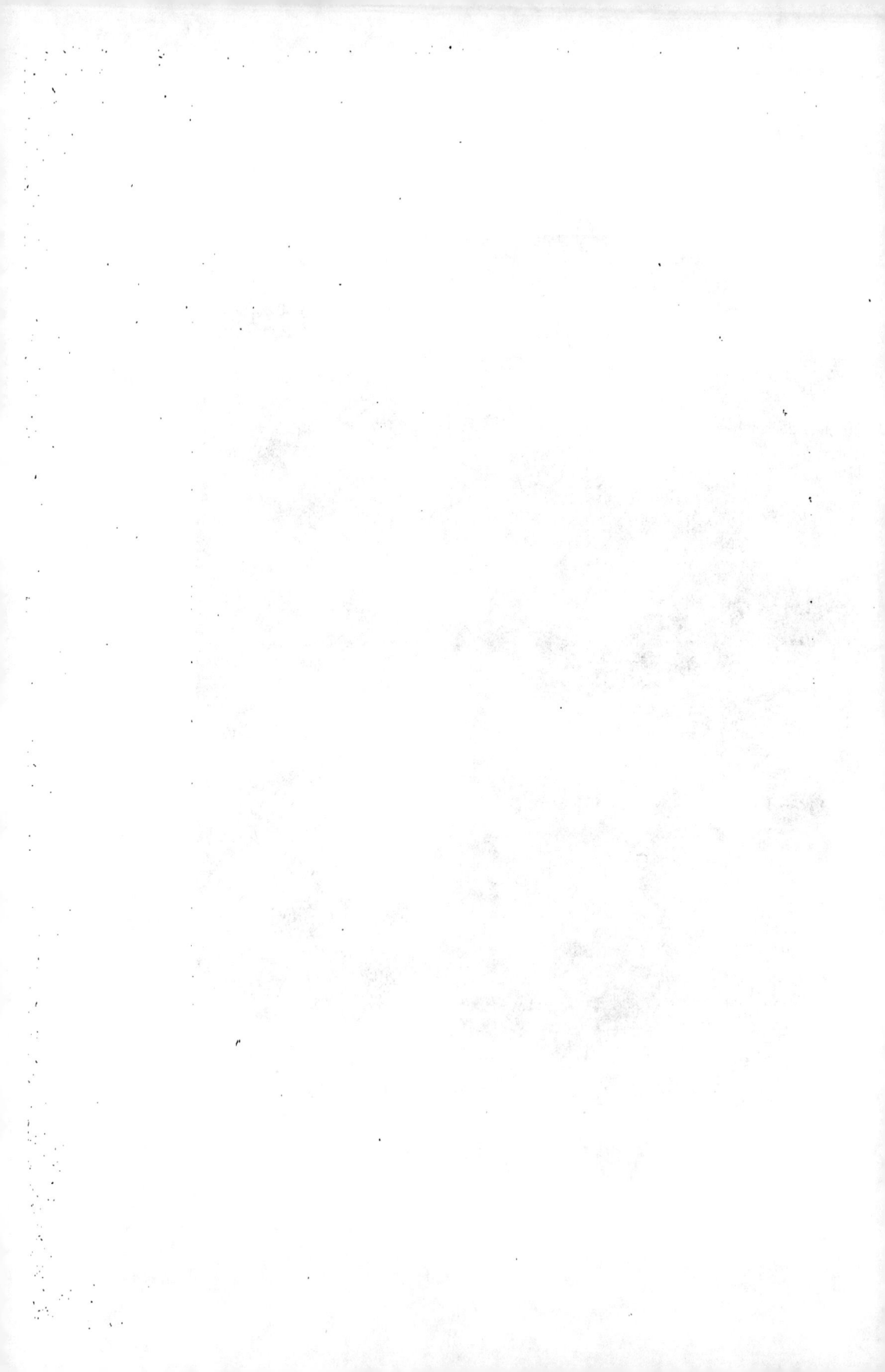

ligence. Ainsi l'ouvrage des abeilles, qui, dans un lieu donné, tel qu'une ruche ou le creux d'un vieux arbre, bâtissent chacune leur cellule; l'ouvrage des mouches de Cayenne, qui nonseulement font aussi leurs cellules, mais construisent même la ruche qui doit les contenir, sont des travaux purement mécaniques qui ne supposent aucune intelligence, aucun projet concerté, aucune vue générale; des travaux qui, n'étant que le produit d'une nécessité physique, un résultat de mouvements communs, s'exercent toujours de la même façon, dans tous les lieux, par une multitude qui ne s'est point assemblée par choix, mais qui se trouve réunie par force de nature. Ce n'est donc pas la société, c'est le nombre seul qui opère ici; c'est une puissance aveugle, qu'on ne peut comparer à la lumière qui dirige toute société. Je ne parle point de cette lumière pure, de ce rayon divin qui n'a été départi qu'à l'homme seul; les castors en sont assurément privés comme tous les autres animaux; mais leur société n'étant point une réunion forcée, se faisant au contraire par une espèce de choix, et supposant au moins un concours général et des vues communes dans ceux qui la composent, suppose au moins aussi une lueur d'intelligence qui, quoique très différente de celle de l'homme par le principe, produit cependant des effets assez semblables pour qu'on puisse les comparer, non pas dans la société plénière et puissante, telle qu'elle existe parmi les peuples anciennement policés, mais dans la société naissante chez des hommes sauvages, laquelle seule peut, avec équité, être comparée à celle des animaux.

Voyons donc le produit de l'une et l'autre de ces sociétés;

voyons jusqu'où s'étend l'art du castor, et où se borne celui du sauvage. Rompre une branche pour s'en faire un bâton, se bâtir une hutte, la couvrir de feuillages pour se mettre à l'abri, amasser de la mousse ou du foin pour se faire un lit, sont des actes communs à l'animal et au sauvage. Les ours font des huttes, les singes ont des bâtons ; plusieurs autres animaux se pratiquent un domicile propre, commode, impénétrable à l'eau. Frotter une pierre pour la rendre tranchante et s'en faire une hache, s'en servir pour couper, pour écorcer du bois, pour aiguiser des flèches, pour creuser un vase ; écorcher un animal pour se revêtir de sa peau, en prendre les nerfs pour faire une corde d'arc, attacher ces mêmes nerfs à une épine dure, et se servir de tous deux comme de fil et d'aiguille, sont des actes purement individuels que l'homme en solitude peut tous exécuter sans être aidé des autres ; des actes qui dépendent de sa seule conformation, puisqu'ils ne supposent que l'usage de la main : mais couper et transporter un gros arbre, élever un carbet, construire une pirogue, sont au contraire des opérations qui supposent nécessairement un travail commun et des vues concertées. Ces ouvrages sont aussi les seuls résultats de la société naissante chez des nations sauvages, comme les ouvrages des castors sont les fruits de la société perfectionnée parmi ces animaux : car il faut observer qu'ils ne songent point à bâtir, à moins qu'ils n'habitent un pays libre, et qu'ils n'y soient parfaitement tranquilles. Il y a des castors en Languedoc, dans les îles du Rhône ; il y en a en plus grand nombre dans les provinces du nord de l'Europe ; mais comme toutes ces contrées sont habitées ou du moins fort fréquentées par les hommes, les castors y

sont, comme tous les autres animaux, dispersés, solitaires, fugitifs,
ou cachés dans un terrier ; on ne les a jamais vus se réunir, se rassembler, ni rien entreprendre, ni rien construire ; au lieu que dans
ces terres désertes où l'homme en société n'a pénétré que bien tard,
et où l'on ne voyait auparavant que quelques vestiges de l'homme
sauvage, on a partout trouvé les castors réunis, formant des sociétés,
et l'on n'a pu s'empêcher d'admirer leurs ouvrages. Nous tâcherons de ne citer que des témoins judicieux, irréprochables, et nous
ne donnerons pour certains que les faits sur lesquels ils s'accordent : moins porté peut-être que quelques-uns d'entre eux à l'admiration, nous nous permettrons le doute et même la critique sur
tout ce qui nous paraîtra trop difficile à croire.

Tous conviennent que le castor, loin d'avoir une supériorité mar-
quée sur les autres animaux, paraît au contraire être au-dessous de
quelques-uns d'entre eux pour les qualités purement individuelles ;
et nous sommes en état de confirmer ce fait, ayant encore actuellement un jeune castor vivant, qui nous a été envoyé du Canada, et
que nous gardons depuis près d'un an. C'est un animal assez doux,
assez tranquille, assez familier, un peu triste, même un peu plaintif, sans passions violentes, sans appétits véhéments, ne se donnant
que peu de mouvement, ne faisant d'effort pour quoi que ce soit ; cependant occupé sérieusement du désir de sa liberté, rongeant de temps
en temps les portes de sa prison, mais sans fureur, sans précipitation, et dans la seule vue d'y faire une ouverture pour en sortir ; au
reste, assez indifférent, ne s'attachant pas volontiers, ne cherchant
point à nuire et assez peu à plaire. Il paraît inférieur au chien par

les qualités relatives qui pourraient l'approcher de l'homme; il ne
semble fait ni pour servir, ni pour commander, ni même pour
commercer avec une autre espèce que la sienne : son sens, enfermé
dans lui-même, ne se manifeste en entier qu'avec ses semblables ;
seul, il a peu d'industrie personnelle, encore moins de ruses, pas
même assez de défiance pour éviter les pièges grossiers : loin d'attaquer les autres animaux, il ne sait pas même bien se défendre ; il
préfère la fuite au combat, quoiqu'il morde cruellement et avec acharnement lorsqu'il se trouve saisi par la main du chasseur. Si l'on
considère donc cet animal dans l'état de nature, ou plutôt dans son
état de solitude et de dispersion, il ne paraîtra pas, pour les qualités
intérieures, au-dessus des autres animaux : il n'a pas plus d'esprit
que le chien, de sens que l'éléphant, de finesse que le renard. Il
est plutôt remarquable par des singularités de conformation extérieure, que par la supériorité apparente de ses qualités intérieures.
Il est le seul parmi les quadrupèdes qui ait la queue plate, ovale, et
couverte d'écailles, de laquelle il se sert comme d'un gouvernail
pour se diriger dans l'eau ; le seul qui ait des nageoires aux pieds de
derrière, et en même temps des doigts séparés dans ceux de devant,
qu'il emploie comme des mains pour porter à sa bouche ; le seul
qui, ressemblant aux animaux terrestres par les parties antérieures
de son corps, paraisse en même temps tenir des animaux aquatiques par les parties postérieures : il fait la nuance des quadrupèdes
aux poissons, comme la chauve-souris fait celle des quadrupèdes aux
oiseaux. Mais ces singularités seraient plutôt des défauts que des perfections, si l'animal ne savait tirer de cette conformation, qui nous

Bourgade de Castors.

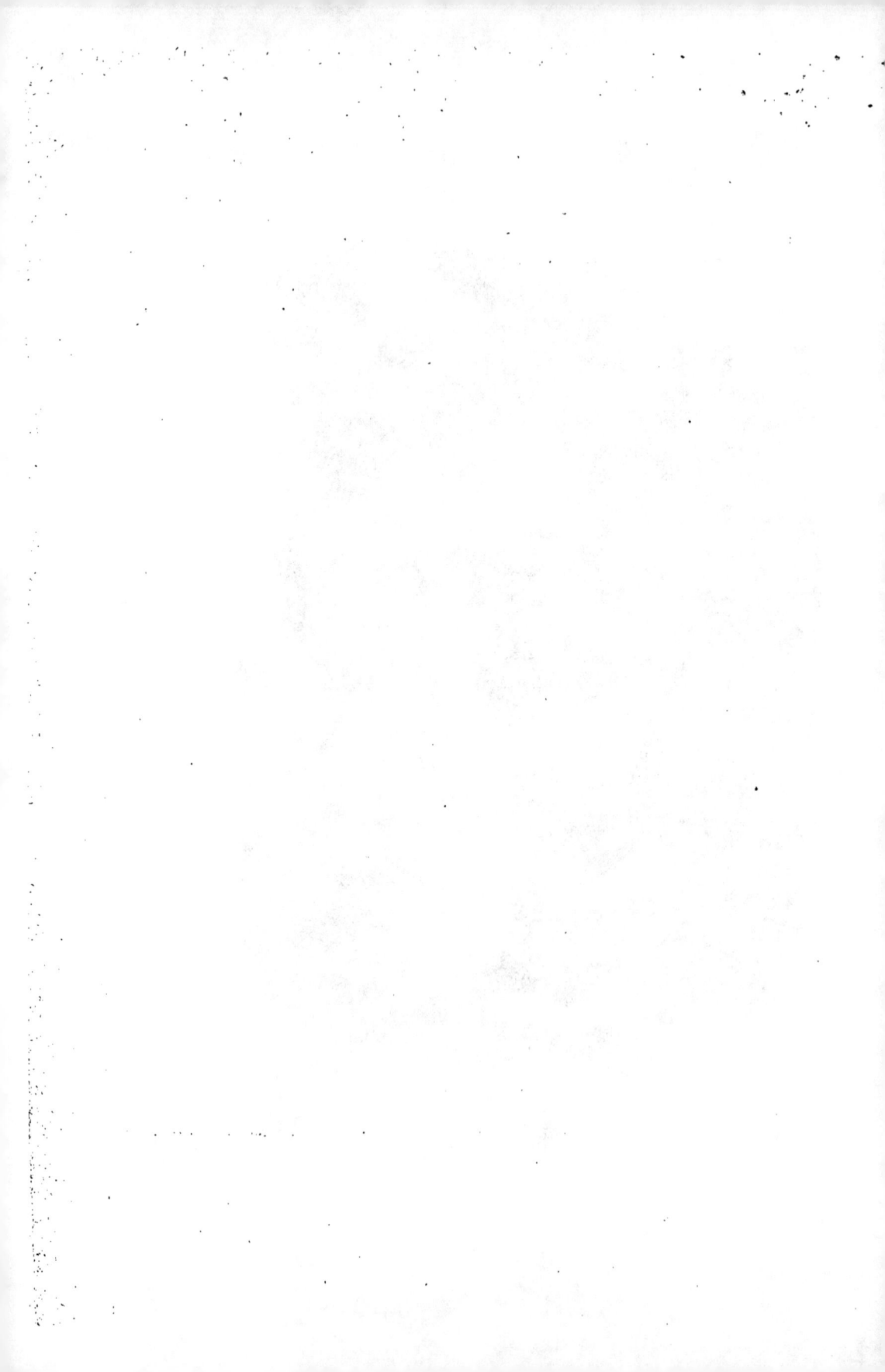

paraît bizarre, des avantages uniques, et qui le rendent supérieur à tous les autres.

Les castors commencent par s'assembler au mois de juin ou de juillet, pour se réunir en société; ils arrivent en nombre et de plusieurs côtés, et forment bientôt une troupe de deux ou trois cents : le lieu du rendez-vous est ordinairement le lieu de l'établissement, et c'est toujours au bord des eaux. Si ce sont des eaux plates, et qui se soutiennent à la même hauteur, comme dans un lac, ils se dispensent d'y construire une digue : mais dans les eaux courantes, et qui sont sujettes à hausser ou baisser, comme sur les ruisseaux, les rivières, ils établissent une chaussée; et par cette retenue ils forment une espèce d'étang ou de pièce d'eau, qui se soutient toujours à la même hauteur. La chaussée traverse la rivière comme une écluse, et va d'un bord à l'autre; elle a souvent quatre-vingt ou cent pieds de longueur sur dix ou douze pieds d'épaisseur à sa base. Cette construction paraît énorme pour des animaux de cette taille, et suppose en effet un travail immense ; mais la solidité avec laquelle l'ouvrage est construit étonne encore plus que sa grandeur. L'endroit de la rivière où ils établissent cette digue est ordinairement peu profond : s'il se trouve sur le bord un gros arbre qui puisse tomber dans l'eau, ils commencent par l'abattre, pour en faire la pièce principale de leur construction. Cet arbre est souvent plus gros que le corps d'un homme ; ils le scient, ils le rongent au pied ; et, sans autre instrument que leurs quatre dents incisives, ils le coupent en assez peu de temps, et le font tomber du côté qu'il leur plaît, c'est-à-dire en travers sur la rivière ; ensuite ils coupent les branches de la cime de cet arbre tombé, pour le mettre de niveau et le faire porter partout également. Ces opérations se font en commun : plusieurs castors rongent ensemble le pied de l'arbre pour l'abattre ; plusieurs aussi vont ensemble pour en couper les branches lorsqu'il est abattu ; d'autres parcourent en même temps les bords de la rivière et coupent les moindres arbres, les uns gros comme la jambe, les autres comme la cuisse ; ils les dépècent et les scient à une certaine hauteur pour en faire des pieux ; ils amènent ces pièces de bois, d'abord par terre jusqu'au bord de la rivière, et ensuite par eau jusqu'au lieu de leur construction ; ils en font une espèce de pilotis serré, qu'ils enfoncent encore en entrelaçant des branches entre les pieux. Cette opération suppose bien des difficultés vaincues ; car, pour dresser ces pieux et les mettre dans une situation à peu près perpendiculaire, il faut qu'avec les dents ils élèvent le gros bout contre le bord de la rivière, ou contre l'arbre qui la traverse ; que d'autres plongent en même temps jusqu'au fond de l'eau pour y creuser avec les pieds de devant un trou, dans lequel ils font entrer la pointe du pieu, afin qu'il puisse se tenir debout. A mesure que les uns plantent ainsi leurs pieux, les autres vont chercher de la terre qu'ils gâchent avec leurs pieds et battent avec leur queue ; ils la portent dans leur gueule et avec les pieds de devant ; et ils en transportent une si grande quantité, qu'ils en remplissent tous les intervalles de leur pilotis. Ce pilotis est composé de plusieurs rangs de pieux, tous égaux en hauteur, et tous plantés les uns contre les autres ; il s'étend d'un bord à l'autre de la rivière, il est rempli et maçonné partout. Les pieux sont plantés verticalement du côté de la chute de l'eau : tout l'ouvrage est au contraire en talus du côté qui en soutient la charge, en sorte que la chaussée, qui a dix ou douze pieds de largeur à la base, se réduit à deux ou trois pieds d'épaisseur au sommet ; elle a donc non seulement toute l'étendue, toute la solidité nécessaire, mais encore la forme la plus convenable pour retenir l'eau, l'empêcher de passer, en soutenir le poids, et en rompre les efforts. Au haut de la chaussée, c'est-à-dire dans la partie où elle a le moins d'épaisseur, ils pratiquent deux ou trois ouvertures en pente qui sont autant de décharges de superficie qu'ils élargissent ou rétrécissent selon que la rivière vient à hausser ou baisser ; et lorsque par des inondations trop grandes ou trop subites il se fait quelques brèches à leur digue, ils savent les réparer et travailler de nouveau dès que les eaux sont baissées.

Il serait superflu, après cette exposition de leurs travaux pour un ouvrage public, de donner encore le détail de leurs constructions particulières, si dans une histoire l'on ne devait pas compte de tous les faits, et si ce premier grand ouvrage n'était pas fait dans la vue de rendre plus commodes leurs petites habitations : ce sont des cabanes ou plutôt des espèces de maisonnettes bâties dans l'eau sur un pilotis plein, tout près du bord de leur étang, avec deux issues, l'une pour aller à terre, l'autre pour se jeter à l'eau. La forme de cet édifice est presque toujours ovale ou ronde. Il y en a de plus grands et de plus petits, depuis quatre ou cinq jusqu'à huit ou dix pieds de diamètre : il s'en trouve aussi quelquefois qui sont à deux ou trois étages ; les murailles ont jusqu'à deux pieds d'épaisseur ; elles sont élevées à plomb sur le pilotis plein, qui sert en même temps de fondement et de plancher à la maison. Lorsqu'elle n'a qu'un étage, les murailles ne s'élèvent droites qu'à quelques pieds de hauteur, au-dessus de laquelle elles prennent la courbure d'une voûte en anse de panier ; cette voûte termine l'édifice et lui sert de couvert : il est maçonné avec solidité, et enduit avec propreté en dehors et en dedans ; il est impénétrable à l'eau des pluies, et résiste aux vents les plus impétueux ; les parois en sont revêtues d'une espèce de stuc si bien gâché et si proprement appliqué, qu'il semble que la main de l'homme y ait passé : aussi la queue leur sert-elle de truelle pour appliquer ce mortier, qu'ils gâchent avec leurs pieds. Ils mettent en œuvre différentes espèces de matériaux, des bois, des pierres, et des terres sablonneuses qui ne sont point sujettes à se délayer par l'eau : les bois qu'ils emploient sont presque tous légers et tendres ; ce sont des aunes, des peupliers, des saules, qui naturellement croissent au bord des eaux, et qui sont plus faciles à écorcer, à couper, à voiturer, que des arbres dont le bois serait plus pesant et plus dur. Lorsqu'ils attaquent un arbre, ils ne l'abandonnent pas qu'il ne soit abattu, dépecé, transporté ; ils le coupent toujours à un pied ou un pied et demi de hauteur de terre. Ils travaillent assis ; et outre l'avantage de cette situation commode, ils ont le plaisir de ronger continuellement de l'écorce et du bois, dont le goût leur est fort agréable, car ils préfèrent l'écorce fraîche et le bois tendre à la plupart des aliments ordinaires ; ils en font ample provision pour se nourrir pendant l'hiver ; ils n'aiment pas le bois sec. C'est dans l'eau et près de leurs habitations qu'ils établissent leurs magasins ; chaque cabane a le sien proportionné au nombre de ses habitants, qui tous y ont un droit commun, et ne vont jamais piller leurs voisins. On a vu des bourgades composées de vingt ou de vint-cinq cabanes : ces grands établissements sont rares, et cette espèce de république est ordinairement moins nombreuse ; elle n'est le plus souvent composée que de dix ou douze tribus, dont chacune a son quartier, son magasin, son habitation séparée; ils ne souffrent pas que des étrangers viennent s'établir dans leurs enceintes. Les plus petites cabanes contiennent deux, quatre, six, et les plus grandes, dix-huit, vingt, et même, dit-on, jusqu'à trente castors, presque toujours en nombre pair: ainsi, en comptant même au rabais, on peut dire que leur société est souvent composée de cent cinquante ou deux cents ouvriers associés, qui tous ont travaillé d'abord en corps pour élever le grand ouvrage public, et ensuite par compagnie pour édifier des habitations particulières. Quelque [nombreuse que soit cette société, la paix s'y maintient sans altération ; le travail commun a resserré leur union ; les commodités qu'ils se sont procurées, l'abondance des vivres qu'ils amassent et consomment ensemble, servent à l'entretenir ; des appétits modérés, des goûts simples, de l'aversion pour la chair et le sang, leur ôtent jusqu'à l'idée de rapine et de guerre : sil jouissent de tous les biens que l'homme ne sait que désirer. Amis entre eux, s'ils ont quelques ennemis au dehors, ils savent les éviter ; ils s'avertissent en frappant avec leur queue sur l'eau ; un coup retentit au loin dans toutes les voûtes des habitations ; chacun prend son parti, ou de plonger dans le lac, ou de se recéler dans leurs murs, qui ne craignent que le feu du ciel ou le fer de l'homme, et qu'aucun animal n'ose entreprendre d'ouvrir ou renverser. Ces asiles sont non seulement très sûrs, mais encore très propres et très commodes : le plancher est jonché de verdure; des rameaux de buis et de sapin leur servent de tapis sur lequel ils ne font ni ne souffrent jamais aucune ordure. La fenêtre qui regarde sur l'eau leur sert de balcon pour se tenir au frais et prendre le bain pendant la plus grande partie du jour : ils s'y tiennent debout, la tête et les parties antérieures du corps élevées, et toutes les parties postérieures plongées dans l'eau. Cette fenêtre est percée avec précaution ; l'ouverture en est assez élevée pour ne pouvoir jamais être fermée par les glaces, qui, dans le climat de nos castors, ont quelquefois deux ou trois pieds d'épaisseur ; ils en abaissent alors la tablette, coupent en pente les pieux sur lesquels elle était appuyée, et se font une issue jusqu'à l'eau sous la glace. Cet élément liquide leur est si nécessaire, ou plutôt leur fait tant de plaisir, qu'ils semblent ne pouvoir s'en passer ; ils vont quelquefois assez loin sous la glace : c'est alors qu'on les prend aisément en attaquant d'un côté la cabane et les attendant en même temps à un trou qu'on pratique dans la glace à quelque distance, et où ils sont obligés d'arriver pour respirer.

C'est au commencement de l'été que les castors se rassemblent ; ils emploient les mois de juillet et d'août à construire leur digue et leur cabane ; ils font leur provision d'écorce et de bois dans le mois de septembre ; ensuite ils jouissent de leurs travaux, ils goûtent les douceurs domestiques : c'est le temps du repos.

Il y a des lieux qu'ils habitent de préférence, où l'on a vu qu'après avoir détruit plusieurs fois leurs travaux ils venaient tous les étés pour les réédifier, jusqu'à ce qu'enfin, fatigués de cette persécution, et affaiblis par la perte de plusieurs d'entre eux, ils ont pris le parti de changer de demeure, et de se retirer au loin dans les solitudes les plus profondes. C'est principalement en hiver que les chasseurs les cherchent, parce que leur fourrure n'est parfaitement bonne que dans cette saison ; et lorsqu'après avoir ruiné leurs établissements, il arrive qu'ils en prennent un grand nombre, la société trop réduite ne se rétablit point ; le petit nombre de ceux qui ont échappé à la mort ou à la captivité se disperse, ils deviennent fuyards ; leur génie, flétri par la crainte, ne s'épanouit plus ; ils s'enfouissent, eux et tous leurs talents, dans un terrier, où, rabaissés à la condition des autres animaux, ils mènent une vie timide, ne s'occupent plus que des besoins pressants, n'exercent que leurs facultés individuelles, et perdent sans retour les qualités sociales que nous venons d'admirer.

Plusieurs auteurs ont écrit que le castor étant un animal aquatique, il ne pouvait vivre sur terre et sans eau. Cette opinion n'est pas vraie : car le castor que nous avons vivant ayant été pris tout jeune au Canada, et ayant été toujours élevé dans la maison, ne connaissait pas l'eau lorsqu'on nous l'a remis ; il craignait et refusait d'y entrer ; mais l'ayant une fois plongé et retenu d'abord par force dans un bassin, il s'y trouva si bien au bout de quelques minutes, qu'il ne cherchait point à en sortir ; et lorsqu'on le laissait libre, il y retournait très souvent de lui-même ; il se vautrait aussi dans la boue et sur le pavé mouillé. Un jour il s'échappa, et descendit par un escalier de cave dans les voûtes des carrières qui sont sous le terrain du Jardin royal ; il s'enfuit assez loin, en nageant sur les mares d'eau qui sont au fond des carrières ; cependant, dès qu'il vit la lumière des flambeaux que nous y fîmes porter pour le chercher, il revint à ceux qui l'appelaient, et se laissa prendre aisément. Il est familier sans être caressant ; il demande à manger à ceux qui sont à table ; ses instances sont un petit cri plaintif et quelques gestes de la main : dès qu'on lui donne un morceau, il l'emporte, et se cache pour le manger à son aise. Il dort assez souvent, et se repose sur le ventre ; il mange de tout, à l'exception de la viande, qu'il refuse constamment, cuite ou crue : il ronge tout ce qu'il trouve, les étoffes, les meubles, les bois ; et l'on a été obligé de doubler de fer-blanc le tonneau dans lequel il a été transporté.

Les castors habitent de préférence sur les bords des lacs, des rivières, et des autres eaux douces; cependant il s'en trouve au bord de la mer: mais c'est principalement sur les mers septentrionales, et surtout dans les golfes méditerranéens qui reçoivent de grands fleuves, et dont les eaux sont peu salées. Ils sont ennemis de la loutre ; ils la chassent, et ne lui permettent pas de paraître sur les eaux qu'ils fréquentent. La fourrure du castor est encore plus belle et plus fournie que celle de la loutre ; elle est composée de deux sortes de poils : l'un plus court, mais très touffu, fin comme le duvet, impénétrable à l'eau, revêt immédiatement la peau ; l'autre plus long, plus ferme, plus lustré, mais plus rare, recouvre ce premier vêtement, lui sert, pour ainsi dire, de surtout, le défend des ordures, de la poussière, de la fange : ce second poil n'a que peu de valeur, ce n'est que le premier que l'on emploie dans nos manufactures. Les fourrures les plus noires sont ordinairement les plus fournies, et par conséquent les plus estimées ; celles des castors terriers sont fort inférieures à celles des castors cabanés. Les castors sont sujets à la mue pendant l'été, comme tous les autres quadrupèdes ; aussi la fourrure de ceux qui sont pris dans cette saison n'a que peu de valeur. La fourrure des castors blancs est estimée à cause de sa rareté, et les parfaitement noirs sont presque aussi rares que les blancs.

Mais indépendamment de la fourrure, qui est ce que le castor fournit de plus précieux, il donne encore une matière dont on a fait un grand usage en médecine et que l'on a appelée *castoreum*. Les sauvages tirent, dit-on, de la queue du castor une huile dont ils se servent comme de topique pour différents maux. La chair du castor, quoique grasse et délicate, a toujours un goût amer assez désagréable: on assure qu'il a les os excessivement durs ; mais nous n'avons pas été à portée de vérifier ce fait, n'en ayant disséqué qu'un jeune. Ses dents sont très dures, et si tranchantes , qu'elles servent de couteau aux sauvages pour couper, creuser et polir le bois. Ils s'habillent de peaux de castor, et les portent en hiver le poil contre la chair. Ce sont ces fourrures imbibées de la sueur des sauvages que l'on appelle *castors gras*, dont on ne se sert que pour les ouvrages les plus grossiers.

Le castor se sert de ses pieds de devant comme des mains, avec une adresse au moins égale à celle de l'écureuil : les doigts en sont bien séparés, bien divisés, au lieu que ceux des pieds de derrière sont réunis entre eux par une forte membrane : ils lui servent de nageoires et s'élargissent comme ceux de l'oie, dont le castor a aussi en partie la démarche sur la terre. Il nage beaucoup mieux qu'il ne court : comme il a les jambes de devant bien plus courtes que celles de derrière, il marche toujours la tête baissée et le dos arqué. Il a les sens très bons, l'odorat très fin, et même susceptible : il paraît qu'il ne peut ni supporter la malpropreté ni les mauvaises odeurs.

LE RENARD

Le renard est fameux par ses ruses, et mérite en partie sa réputation ; ce que le loup ne fait que par la force, il le fait par adresse, et réussit plus souvent. Sans chercher à combattre les chiens ni les bergers, sans attaquer les troupeaux, sans traîner les cadavres, il est plus sûr de vivre. Il emploie plus d'esprit que de mouvement, ses ressources semblent être en lui-même : ce sont, comme l'on sait, celles qui manquent le moins. Fin autant que circonspect, ingénieux et prudent, même jusqu'à la patience, il varie sa conduite, il a des moyens de réserve qu'il sait n'employer qu'à propos. Il veille de près à sa conservation : quoique aussi infatigable et même plus léger que le loup, il ne se fie pas entièrement à la vitesse de sa course ; il sait se mettre en sûreté en se pratiquant un asile où il se retire dans les dangers pressants, où il s'établit, où il élève ses petits : il n'est point animal vagabond, mais animal domicilié.

Cette différence, qui se fait sentir même parmi les hommes, a de bien plus grands effets et suppose de bien plus grandes causes parmi les animaux. L'idée seule du domicile présuppose une attention singulière sur soi-même ; ensuite le choix du lieu, l'art de faire son

manoir, de le rendre commode, d'en dérober l'entrée, sont autant
d'indices d'un sentiment supérieur. Le renard en est doué, et tourne
tout à son profit : il se loge au bord des bois, à portée des hameaux ;
il écoute le chant des coqs et le cri des volailles, il les savoure de
loin ; il prend habilement son temps, cache son dessein et sa marche, se glisse, se traîne, arrive, et fait rarement des tentatives inutiles. S'il peut franchir les clôtures ou passer par-dessous, il ne perd
pas un instant, il ravage la basse-cour, il y met tout à mort, se retire
ensuite lestement, en emportant sa proie, qu'il cache sous la mousse
ou porte à son terrier ; il revient quelques moments après en chercher une autre, qu'il emporte et cache de même, mais dans un autre endroit ; ensuite une troisième, une quatrième , jusqu'à ce
que le jour ou le mouvement dans la maison l'avertisse qu'il faut se
retirer et ne plus revenir. Il fait la même manœuvre dans les pipées
et dans les boqueteaux où l'on prend les grives et les bécasses au
lacet ; il devance le pipeur, va de très grand matin, et souvent plus
d'une fois par jour, visiter les lacets, les gluaux, emporte successivement les oiseaux qui se sont empêtrés, les dépose tous en différents
endroits, surtout au bord des chemins, dans les ornières, sous de la
mousse, sous un genièvre, les y laisse quelquefois deux ou trois jours,
et sait parfaitement les retrouver au besoin. Il chasse les jeunes levrauts en plaine, saisit quelquefois les lièvres au gîte, ne les manque jamais lorsqu'ils sont blessés, déterre les lapereaux dans les ga-
rennes, découvre les nids de perdrix, de cailles, prend la mère sur les
œufs, et détruit une quantité prodigieuse de gibier. Le loup nuit
plus au paysan, le renard nuit plus au gentilhomme.

Un renard en maraude, composition et dessin de Bodmer.

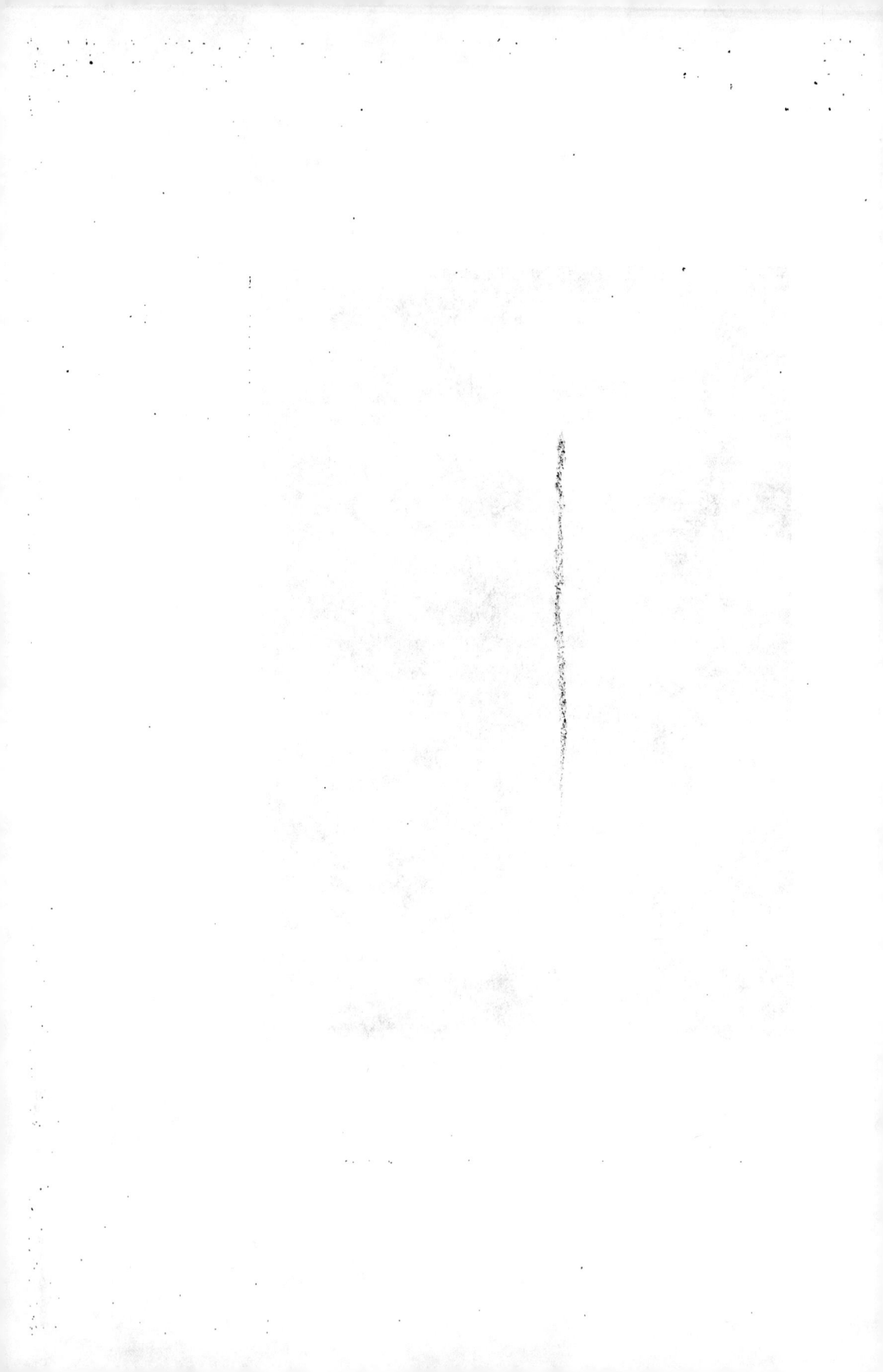

La chasse du renard demande moins d'appareil que celle du loup; elle est plus facile et plus amusante. Tous les chiens ont de la répugnance pour le loup; tous les chiens, au contraire, chassent le renard volontiers, et même avec plaisir; car quoiqu'il ait l'odeur très forte, ils le préfèrent souvent au cerf, au chevreuil et au lièvre. On peut le chasser avec des bassets, des chiens courants, des briquets : dès qu'il se sent poursuivi, il court à son terrier; les bassets à jambes torses sont ceux qui s'y glissent le plus aisément. Cette manière est bonne pour prendre une portée entière de renards, la mère avec les petits; pendant qu'elle se défend et combat les bassets, on tâche de découvrir le terrier par-dessus, et on la tue ou on la saisit vivante avec des pinces. Mais comme les terriers sont souvent dans les rochers, sous des troncs d'arbres, et quelquefois trop enfoncés sous terre, on ne réussit pas toujours. La façon la plus ordinaire, la plus agréable, et la plus sûre de chasser le renard, est de commencer par boucher les terriers : on place les tireurs à portée, on quête alors avec les briquets; dès qu'ils sont tombés sur la voie, le renard gagne son gîte; mais en arrivant il essuie une première décharge : s'il échappe à la balle, il fuit de toute sa vitesse, fait un grand tour, et revient encore à son terrier, où on le tire une seconde fois, et où, trouvant l'entrée fermée, il prend le parti de se sauver au loin, en perçant droit en avant pour ne plus revenir. C'est alors qu'on se sert des chiens courants, lorsqu'on veut le poursuivre : il ne laissera pas de les fatiguer beaucoup, parce qu'il passe à dessein dans les endroits les plus fourrés, où les chiens ont grand'peine à le suivre, et que, quand il prend la plaine, il va très loin sans s'arrêter.

Pour détruire les renards, il est encore plus commode de tendre
des pièges, où l'on met de la chair pour appât, un pigeon, ou une vo-
laille vivante. Je fis un jour suspendre à neuf pieds de hauteur
sur un arbre les débris d'une halte de chasse, de la viande, du pain,
des os; dès la première nuit, les renards s'étaient si fort exercés à
sauter, que le terrain autour de l'arbre était battu comme une aire
de grange. Le renard est aussi vorace que carnassier, il mange de
tout avec une égale avidité, des œufs, du lait, du fromage, des fruits,
et surtout des raisins : lorsque les levrauts et les perdrix lui manquent, il se rabat sur les rats, les mulots, les serpents, les lézards
les crapauds ; il en détruit un grand nombre ; c'est là le seul
bien qu'il procure. Il est très avide de miel ; il attaque les abeilles
sauvages, les guêpes, les frelons, qui d'abord tâchent de le mettre en
fuite en le perçant de mille coups d'aiguillon : il se retire en effet,
mais c'est en se roulant pour les écraser ; il revient si souvent à la
charge, qu'il les oblige à abandonner le guêpier : alors il le déterre,
et en mange et le miel et la cire. Il prend aussi les hérissons, les
roule avec ses pieds, et les force à s'étendre. Enfin il mange du poisson, des écrevisses, des hannetons, des sauterelles.

Cet animal ressemble beaucoup au chien, surtout par les parties
intérieures ; cependant il en diffère par la tête, qu'il a plus grosse
à proportion de son corps ; il a aussi les oreilles plus courtes , la queue beaucoup plus grande, le poil plus long et plus touffu,
les yeux plus inclinés. Il en diffère encore par une mauvaise odeur
très forte qui lui est particulière, et enfin par le caractère le plus
essentiel, par le naturel ; car il ne s'apprivoise pas aisément, et

Le Renard et les Raisins, d'après un tableau de Verlat (Salon de 1857).

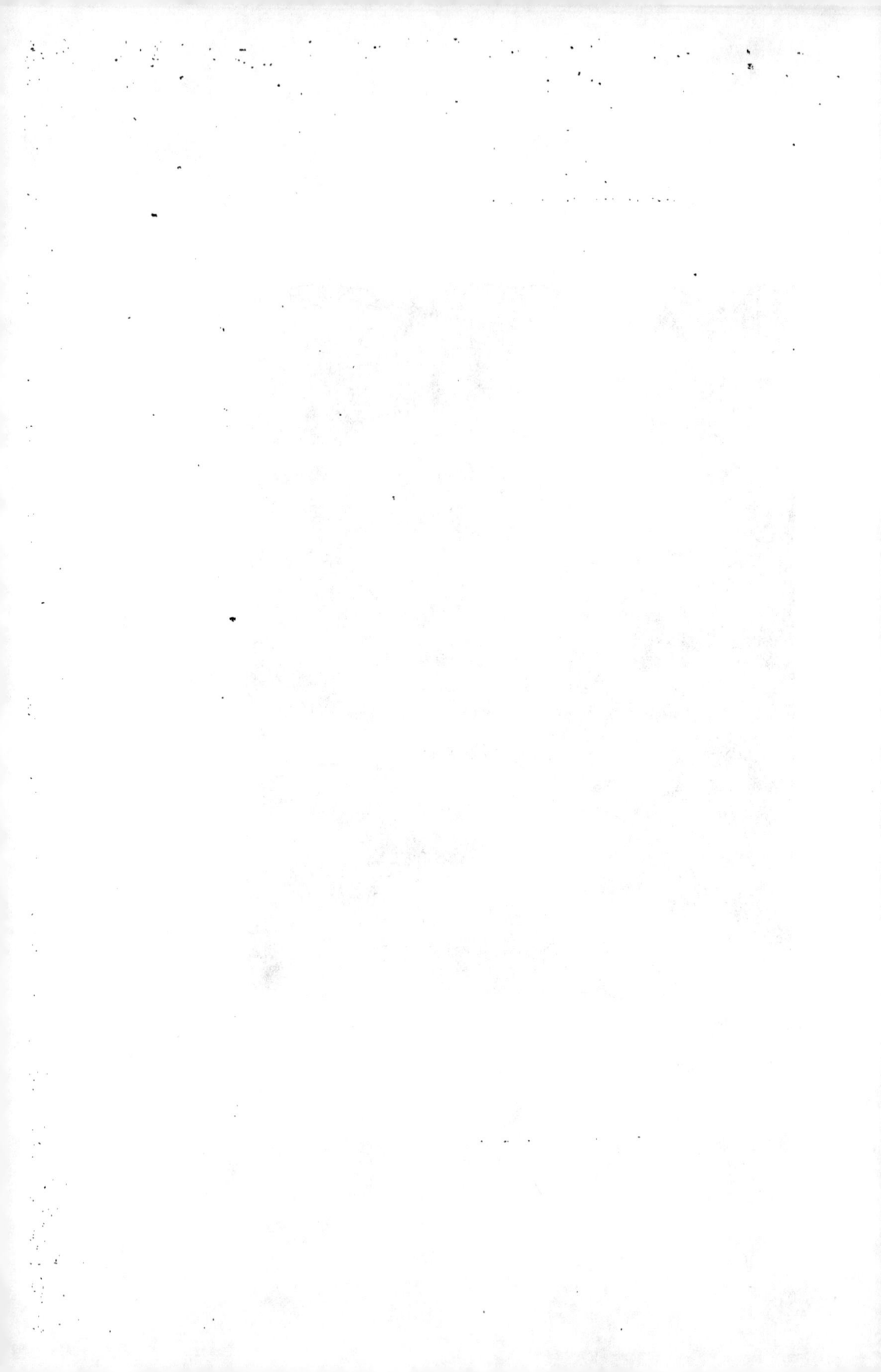

jamais tout à fait : il languit lorsqu'il n'a pas la liberté, et meurt d'ennui quand on veut le garder trop longtemps en domesticité.

Le renard a les sens aussi bons que le loup, le sentiment plus fin, et l'organe de la voix plus souple et plus parfait. Le loup ne se fait entendre que par des hurlements affreux ; le renard glapit, aboie, et pousse un son triste, semblable au cri du paon ; il a des tons différents selon les sentiments différents dont il est affecté ; il a le ton plaintif de la tristesse, le cri de la douleur, qu'il ne fait jamais entendre qu'au moment où il reçoit un coup de feu qui lui casse quelque membre ; car il ne crie point pour toute autre blessure, et il se laisse tuer à coups de bâton comme le loup, sans se plaindre, mais toujours en se défendant avec courage. Il mord dangereusement, opiniâtrément, et l'on est obligé de se servir d'un ferrement ou d'un bâton pour le faire démordre. Son glapissement est une espèce d'aboiement qui se fait par des sons semblables et très précipités. C'est ordinairement à la fin du glapissement qu'il donne un coup de voix plus fort, plus élevé, et semblable au cri du paon. En hiver surtout, pendant la neige et la gelée, il ne cesse de donner de la voix, et il est, au contraire, presque muet en été. C'est dans cette saison que son poil tombe et se renouvelle. L'on fait peu de cas de la peau des jeunes renards, ou des renards pris en été. La chair du renard est moins mauvaise que celle du loup, les chiens et même les hommes en mangent en automne, surtout lorsqu'il s'est nourri et engraissé de raisins, et sa peau d'hiver fait de bonnes fourrures. Il a le sommeil profond et l'on approche aisément sans l'éveiller. Lorsqu'il dort, il se met en rond comme les chiens ; lorsqu'il ne fait que se reposer, il étend les jambes de derrière, et demeure étendu sur le ventre : c'est dans cette posture qu'il épie les oiseaux le long des haies. Ils ont pour lui une si grande antipathie, que dès qu'ils l'aperçoivent ils font un petit cri d'avertissement ; les geais, les merles surtout, le conduisent du haut des arbres, répètent souvent le petit cri d'avis, et le suivent quelquefois à plus de deux ou trois cents pas.

Cette espèce est une des plus sujettes aux influences du climat, et l'on y trouve presque autant de variétés que dans les espèces d'animaux domestiques. La plupart de nos renards sont roux ; mais il s'en trouve aussi dont le poil est gris et argenté ; tous deux ont le bout de la queue blanc. Les derniers s'appellent en Bourgogne renards charbonniers, parce qu'ils ont les pieds plus noirs que les autres. Ils paraissent aussi avoir le corps plus court, parce que leur poil est plus fourni. Il y en a d'autres qui ont le corps réellement plus long que les autres, et qui sont d'un gris sale, à peu près de la couleur des vieux loups ; mais je ne puis décider si cette différence de couleur est une vraie variété, ou si elle n'est produite que par l'âge de l'animal, qui peut-être blanchit en vieillissant. Dans les pays du Nord, il y en a de toutes couleurs, des noirs, des bleus, des gris, des gris de fer, des gris argentés, des blancs, des blancs à pieds fauves, des blancs à tête noire, des blancs avec le bout de la queue noir, des roux avec la gorge et le ventre entièrement blancs, sans aucun mélange de noir, et enfin des croisés qui ont une ligne noire le long de l'épine du dos, et une autre ligne noire sur les épaules, qui traverse la première : ces derniers sont plus grands

Le terrier du renard.

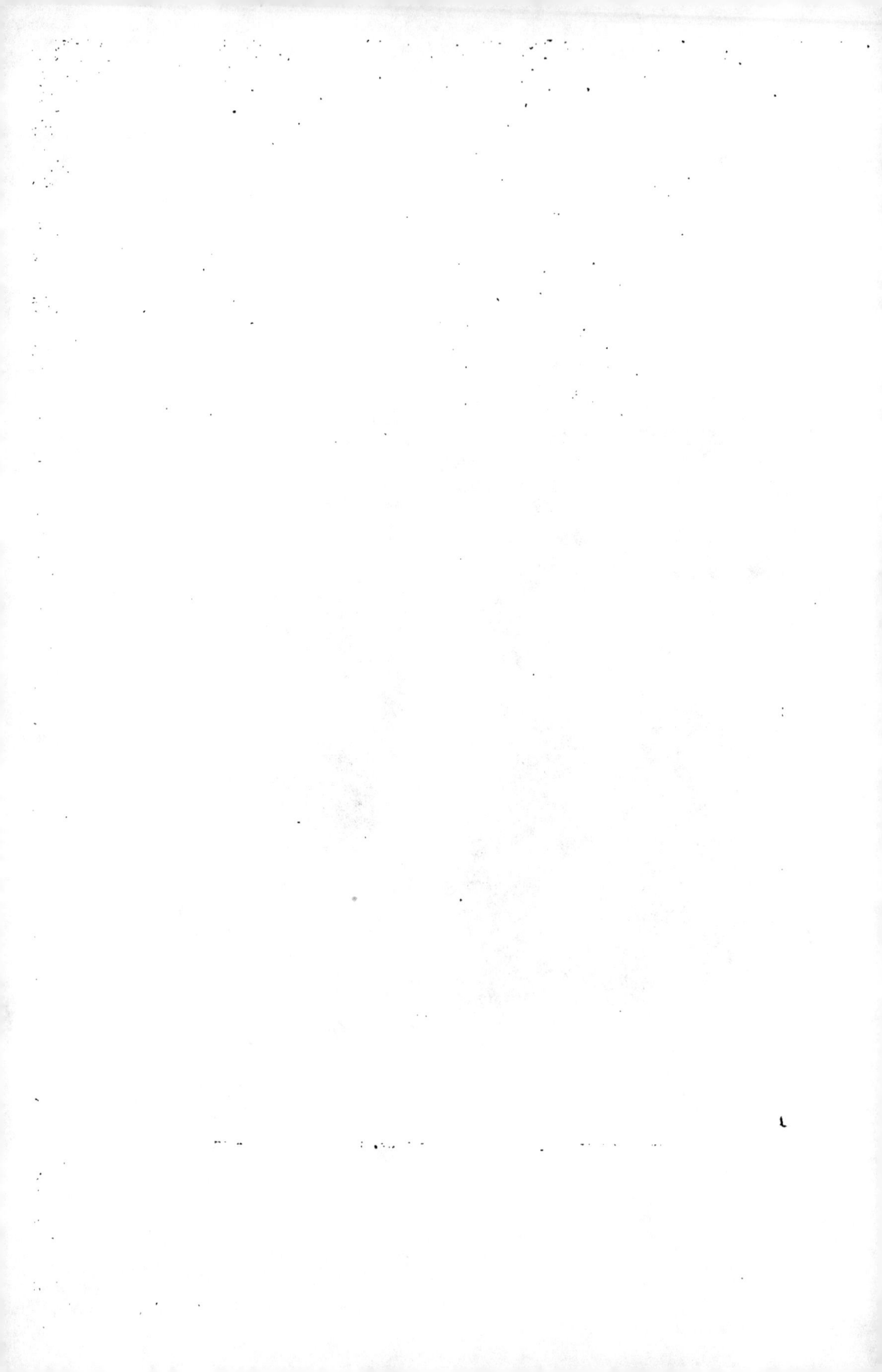

que les autres, et ont la gorge noire. L'espèce commune est plus généralement répandue qu'aucune des autres ; on la trouve partout en
Europe, dans l'Asie septentrionale et tempérée ; on la trouve de
même en Amérique ; mais elle est fort rare en Afrique et dans les
pays voisins de l'équateur. Les voyageurs qui disent en avoir vus à
Calicut et dans les autres provinces méridionales des Indes ont pris
des chacals pour des renards. Aristote lui-même est tombé dans
une erreur semblable, lorsqu'il a dit que les renards d'Égypte étaient
plus petits que ceux de Grèce : ces petits renards d'Égypte sont des
putois, dont l'odeur est insupportable. Nos renards originaires des
climats froids sont devenus naturels aux pays tempérés, et ne se sont
pas étendus vers le midi au delà de l'Espagne et du Japon. Ils sont
originaires des pays froids, puisqu'on y trouve toutes les variétés
de l'espèce, et qu'on ne les trouve que là ; d'ailleurs ils supportent
aisément le froid le plus extrême ; il y en a encore du côté du pôle
antarctique comme vers le pôle arctique. La fourrure des renards
blancs n'est pas fort estimée, parce que le poil tombe aisément ; les
gris argentés sont meilleurs ; les bleus et les croisés sont recherchés
à cause de leur rareté ; mais les noirs sont les plus précieux de tous ;
c'est, après la zibeline, la fourrure la plus belle et la plus chère. On
en trouve au Spitzberg, en Groënland, en Laponie, au Canada, où il
y en a aussi de croisés, et où l'espèce commune est moins rousse qu'en
France, et a le poil plus long et plus fourni.

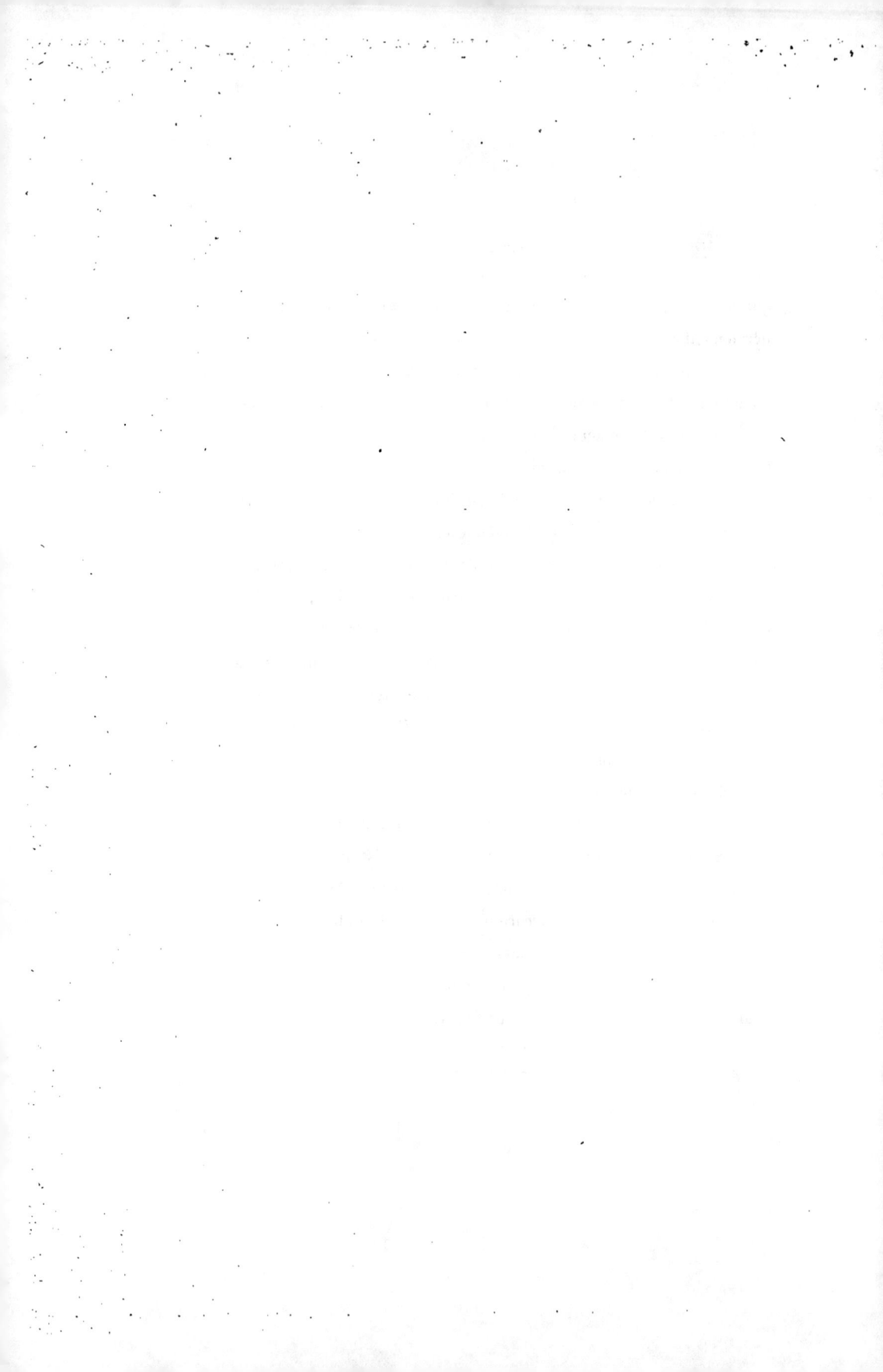

LA LOUTRE

La loutre est un animal vorace, plus avide de poisson que de chair, qui ne quitte guère le bord des rivières ou des lacs, et qui dépeuple quelquefois les étangs. Elle a plus de facilité qu'un autre pour nager, plus même que le castor ; car il n'a des membranes qu'aux pieds de derrière, et il a les doigts séparés dans les pieds de devant, tandis que la loutre a des membranes à tous les pieds : elle nage presque aussi vite qu'elle marche. Elle ne va point à la mer, comme le castor ; mais elle parcourt les eaux douces, et remonte ou descend des rivières à des distances considérables ; souvent elle nage entre deux eaux, et y demeure assez longtemps ; elle vient ensuite à la surface, afin de respirer. A parler exactement, elle n'est point animal amphibie, c'est-à-dire animal qui peut vivre également et dans l'air et dans l'eau ; elle n'est pas conformée pour demeurer dans ce dernier élément, et elle a besoin de respirer à peu près comme tous les autres animaux terrestres ; si même il arrive qu'elle s'engage dans une nasse à la poursuite d'un poisson, on la trouve noyée, et l'on voit qu'elle n'a pas eu le temps d'en couper tous les osiers pour en sortir. Elle a les dents comme la fouine, mais plus grosses

et plus fortes relativement au volume de son corps. Faute de poisson, d'écrevisses, de grenouilles, de rats d'eau et d'autre nourriture,
elle coupe les jeunes rameaux et mange l'écorce des arbres aquatiques ; elle mange aussi de l'herbe nouvelle au printemps ; elle ne
craint pas plus le froid que l'humidité. Ordinairement les jeunes
animaux sont jolis : les jeunes loutres sont plus laides que les vieilles. La tête mal faite, les oreilles placées bas, des yeux trop petits
et couverts, l'air obscur , les mouvements gauches, toute la figure
ignoble, informe, un cri qui paraît machinal, et qu'elles répètent à
tout moment, sembleraient annoncer un animal stupide ; cependant
la loutre devient industrieuse avec l'âge, au moins assez pour faire
la guerre avec grand avantage aux poissons, qui, pour l'instinct et
le sentiment, sont très inférieurs aux autres animaux ; mais j'ai
grand'peine à croire qu'elle ait, je ne dis pas les talents du castor,
mais même les habitudes qu'on lui suppose, comme celle de commencer toujours par remonter les rivières, afin de revenir plus aisément, et de n'avoir plus qu'à se laisser entraîner au fil de l'eau,
lorsqu'elle s'est rassasiée ou chargée de proie ; celle d'approprier
son domicile et d'y faire un plancher, pour n'être pas incommodée
de l'humidité ; celle d'y faire une ample provision de poisson, afin de
n'en pas manquer ; et enfin la docilité et la facilité de s'apprivoiser
au point de pêcher pour son maître, et d'apporter le poisson jusque
dans la cuisine. Tout ce que je sais, c'est que les loutres ne creu-
sent point leur domicile elles-mêmes ; qu'elles se gîtent dans le premier trou qui se présente, sous les racines des peupliers, des saules,
dans les fentes des rochers, et même dans les piles des bois à flot-

La Loutre.

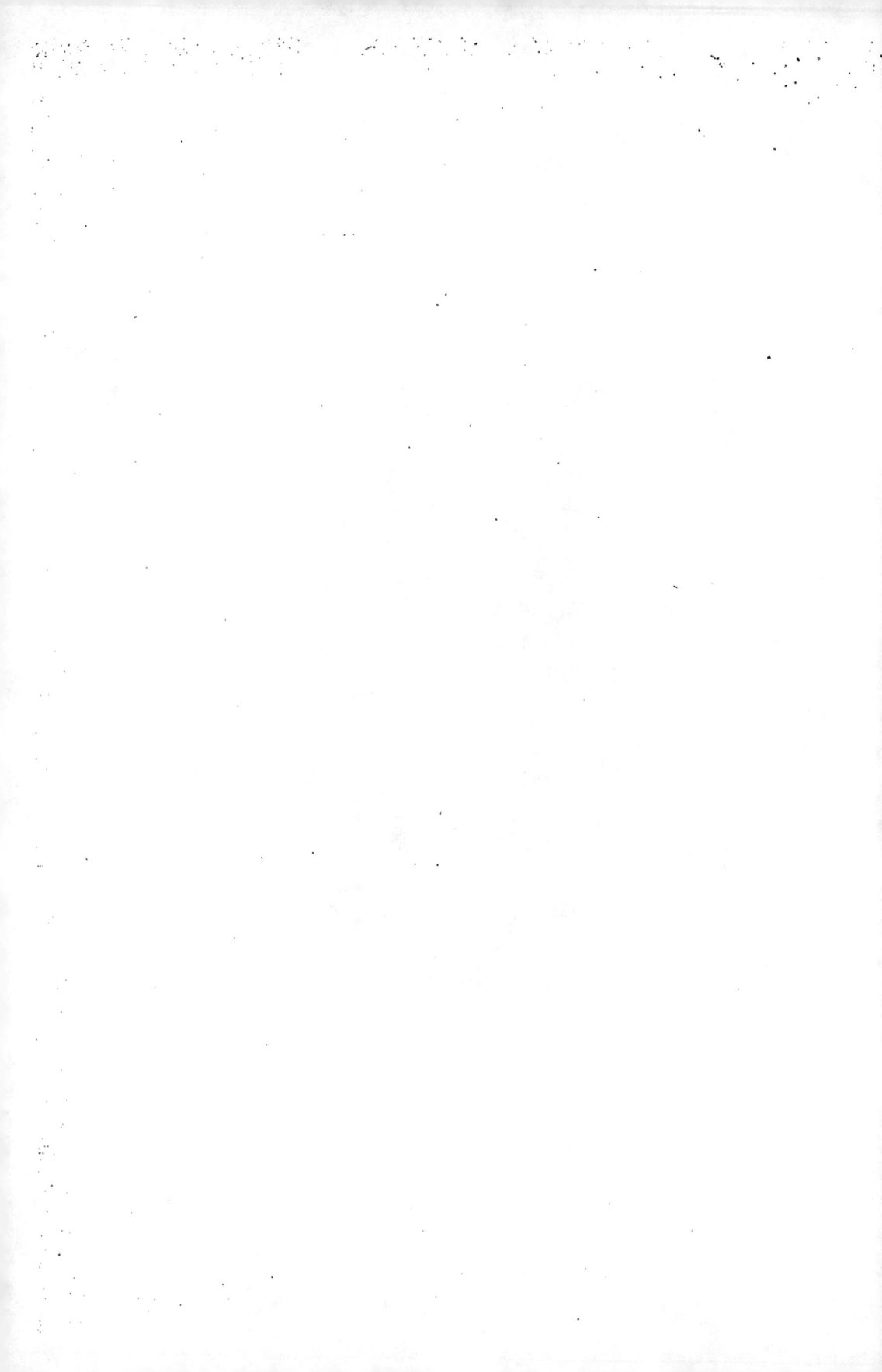

ter ; qu'elles y font aussi leurs petits sur un lit fait de bûchettes et
d'herbe ; que l'on trouve dans leur gîte des têtes et des arêtes de
poisson ; qu'elles changent souvent de lieu ; qu'elles emmènent
ou dispersent leurs petits au bout de six semaines ou de deux mois ;
que ceux que j'ai voulu priver cherchaient à mordre, même en prenant du lait, et avant que d'être assez forts pour mâcher du poisson ;
qu'au bout de quelques jours ils devenaient plus doux, peut-être
parce qu'ils étaient malades et faibles ; que, loin de s'accoutumer
aisément à la vie domestique, tous ceux que j'ai essayé de faire élever sont morts dans le premier âge ; qu'enfin la loutre est, de son naturel, sauvage et cruelle ; que, quand elle peut entrer dans un vivier,
elle y fait ce que le putois fait dans un poulailler : qu'elle tue beaucoup plus de poissons qu'elle ne peut en manger, et qu'ensuite elle
en emporte un dans sa gueule.

Le poil de la loutre ne mue guère ; sa peau d'hiver est cependant
plus brune et se vend plus cher que celle d'été ; elle fait une très
bonne fourrure. Sa chair se mange en maigre, et a en effet un mauvais goût de poisson ou plutôt de marais. Sa retraite est infectée
de la mauvaise odeur des débris du poisson qu'elle y laisse pourrir ;
elle sent elle-même assez mauvais. Les chiens la chassent volontiers, et l'atteignent aisément, lorsqu'elle est éloignée de son gîte et
de l'eau ; mais quand ils la saisissent, elle se défend, les mord cruellement, et quelquefois avec tant de force et d'acharnement, qu'elle
leur brise les os des jambes, et qu'il faut la tuer pour la faire démordre.
Le castor cependant, qui n'est pas un animal bien fort, chasse la
loutre, et ne lui permet pas d'habiter sur les bords qu'il fréquente.

Cette espèce, sans être en très grand nombre, est généralement répandue en Europe, depuis la Suède jusqu'à Naples, et se retrouve dans l'Amérique septentrionale ; elle était bien connue des Grecs, et se trouve vraisemblablement dans tous les climats tempérés, surtout dans les lieux où il y a beaucoup d'eau; car la loutre ne peut habiter ni les sables brûlants, ni les déserts arides; elle fuit également les rivières stériles et les fleuves trop fréquentés.

LE CYGNE

Dans toute société, soit des animaux, soit des hommes, la violence
fit les tyrans ; la douce autorité fait les rois. Le lion et le tigre sur
la terre, l'aigle et le vautour dans les airs, ne règnent que par la
guerre, ne dominent que par l'abus de la force et par la cruauté, au
lieu que le cygne règne sur les eaux à tous les titres qui fondent
un empire de paix, la grandeur, la majesté, la douceur ; avec des
puissances, des forces, du courage, et la volonté de n'en pas abuser,
et de ne les employer que pour la défense. il sait combattre et vaincre sans jamais attaquer : roi paisible des oiseaux d'eau, il brave
les tyrans de l'air ; il attend l'aigle sans le provoquer, sans le craindre ; il repousse ses assauts en opposant à ses armes la résistance
de ses plumes et les coups précipités d'une aile vigoureuse qui lui
sert d'égide, et souvent la victoire couronne ses efforts. Au reste, il
n'a que ce fier ennemi ; tous les oiseaux de guerre le respectent,
et il est en paix avec toute la nature : il vit en ami plutôt qu'en roi
au milieu des nombreuses peuplades des oiseaux aquatiques, qui
toutes semblent se ranger sous sa loi ; il n'est que le chef, le premier
habitant d'une république tranquille, où les citoyens n'ont rien à

craindre d'un maître qui ne demande qu'autant qu'il leur accorde, et ne veut que calme et liberté.

Les grâces de la figure, la beauté de la forme, répondent dans le cygne à la douceur du naturel ; il plaît à tous les yeux ; il décore, embellit tous les lieux qu'il fréquente ; on l'aime, on l'applaudit, on l'admire. Nulle espèce ne le mérite mieux : la nature en effet n'a répandu sur aucune autant de ces grâces nobles et douces qui nous rappellent l'idée de ses plus charmants ouvrages : coupe de corps élégante, formes arrondies, gracieux contours, blancheur éclatante et pure, mouvements flexibles et ressentis; attitudes tantôt animées, tantôt laissées dans un mol abandon.

A sa noble aisance, à la facilité, la liberté de ses mouvement sur l'eau, on doit le reconnaître non seulement comme le premier des navigateurs ailés, mais comme le plus beau modèle que la nature nous ait offert pour l'art de la navigation. Son cou élevé et sa poitrine relevée et arrondie semblent en effet figurer la proue du navire fendant l'onde ; son large estomac en représente la carène ; son corps penché en avant pour cingler se redresse à l'arrière, et se relève en poupe ; la queue est un vrai gouvernail ; les pieds sont de larges rames ; et ses grandes ailes demi ouvertes au vent et doucement enflées sont les voiles qui poussent le vaisseau vivant, navire et pilote à la fois.

Fier de sa noblesse, jaloux de sa beauté, le cygne semble faire parade de tous ses avantages ; il a l'air de chercher à recueillir des suffrages, à captiver les regards ; et il les captive en effet, soit que, voguant en troupe, on voie de loin, au milieu des grandes eaux,

Le Cigne à Col noir, au jardin d'Acclimentation.

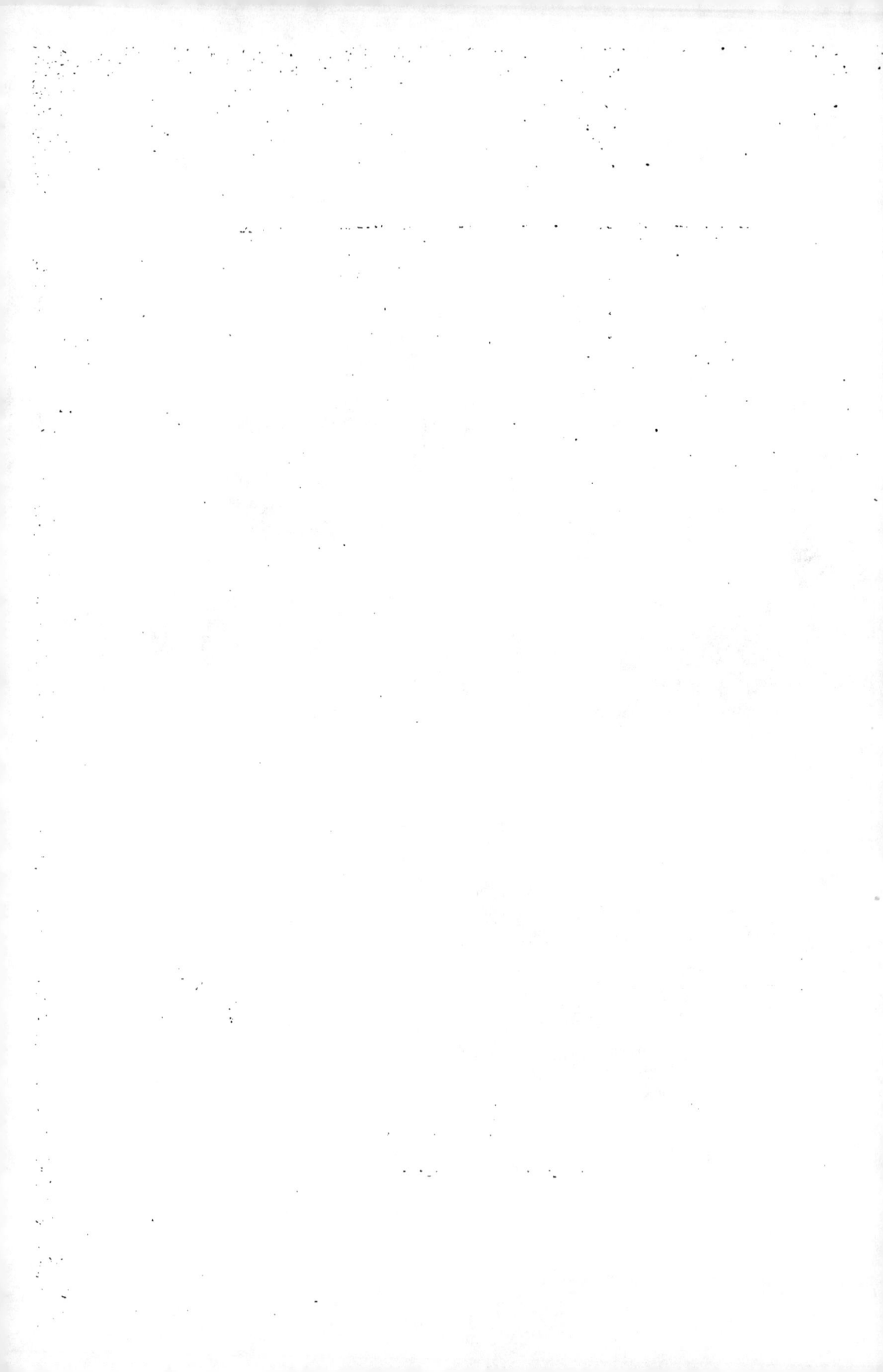

cingler la flotte ailée, soit que, s'en détachant et s'approchant du
rivage aux signaux qui l'appellent, il vienne se faire admirer de
plus près en étalant ses beautés, et développant ses grâces par mille
mouvements doux, ondulants et suaves.

Aux avantages de la nature le cygne réunit ceux de la liberté ;
il n'est pas du nombre de ces esclaves que nous puissions contrain-
dre ou renfermer : libre sur nos eaux, il n'y séjourne, ne s'établit
qu'en y jouissant d'assez d'indépendance pour exclure tout sentiment de servitude et de captivité ; il veut à son gré parcourir
les eaux, débarquer au rivage, s'éloigner au large, ou venir, lon-
geant la rive, s'abriter sur les bords, se cacher dans les joncs, s'en-
foncer dans les anses les plus écartées, puis, quittant la solitude,
revenir à la société et jouir du plaisir qu'il paraît prendre et goûter
en s'approchant de l'homme, pourvu qu'il trouve en nous ses hôtes et
ses amis, et non ses maîtres et ses tyrans.

Le cygne nage si vite, qu'un homme marchant rapidement au
rivage, a grande peine à le suivre. Supérieur en tout à l'oie, qui ne
vit que d'herbages et de graines, il sait se procurer une nourriture
plus délicate et moins commune ; il ruse sans cesse pour attraper et
saisir du poisson ; il prend mille attitudes différentes pour le succès
de sa pêche, et tire tout l'avantage possible de son adresse et de sa
grande force ; il sait éviter ses ennemis ou leur résister : un vieux
cygne ne craint pas dans l'eau le chien le plus fort ; son coup d'aile
pourrait casser la jambe d'un homme, tant il est prompt et violent.
Enfin il paraît que le cygne ne redoute aucune embûche, aucun
ennemi, parce qu'il a autant de courage que d'adresse et de force.

Les cygnes sauvages volent en grandes troupes, et de même les cygnes domestiques marchent et nagent attroupés ; leur instinct social est en tout très fortement marqué. Cet instinct, le plus doux de la nature, suppose des mœurs innocentes, des habitudes paisibles, et ce naturel délicat et sensible qui semble donner aux actions produites par ce sentiment l'intention et le prix des qualités morales. Le cygne a de plus l'avantage de jouir jusqu'à un âge extrêmement avancé de sa douce et belle existence. Tous les observateurs s'accordent à lui donner une très longue vie ; quelques-uns même en ont porté la durée jusqu'à trois cents ans, ce qui sans doute est fort exagéré.

La femelle du cygne couve pendant six semaines au moins. Elle commence à pondre au mois de février. Elle met, comme l'oie, un jour d'intervalle entre la ponte de chaque œuf. Elle en produit de cinq à huit, et communément six ou sept. Ces œufs sont blancs et oblongs ; ils ont la coque très épaisse, et sont d'une grosseur très considérable. Le nid est placé tantôt sur un lit d'herbes sèches au rivage, tantôt sur un tas de roseaux abattus, entassés et même flottants sur l'eau.

La mère recueille nuit et jour ses petits sous ses ailes, et le père se présente avec intrépidité pour les défendre contre tout assaillant. Dans ces circonstances, oubliant sa douceur, il devient féroce et se bat avec acharnement ; souvent un jour entier ne suffit pas pour vider leur duel opiniâtre. Le combat commence à coups d'ailes, continue corps à corps, et finit ordinairement par la mort d'un des deux ; car ils cherchent réciproquement à s'étouffer en se serrant le

cou, et se tenant par force la tête plongée dans l'eau. Ce sont vraisemblablement ces combats qui ont fait croire aux anciens que les
cygnes se dévoraient les uns les autres. Rien n'est moins vrai.

En tout autre temps ils n'ont que des habitudes de paix ; tous ils
font toilette assidue chaque jour ; on les voit arranger leur plumage,
le nettoyer, le lustrer, et prendre de l'eau dans leur bec pour la ré-
pandre sur le dos, sur les ailes, avec un soin qui suppose le désir
de plaire. Le seul temps où la femelle néglige sa toilette est celui de
la couvée ; les soins maternels l'occupent alors tout entière, et à
peine donne-t-elle quelques instants aux besoins de la nature et à sa
subsistance.

Les petits naissent fort laids, et seulement couverts d'un duvet
gris ou jaunâtre, comme les oisons ; leurs plumes ne poussent que
quelques semaines après, et sont encore de la même couleur. Ce
vilain plumage change à la première mue, au mois de septembre ;
ils prennent alors beaucoup de plumes blanches, d'autres plus blon-
des que grises, surtout à la poitrine et sur le dos. Ce plumage cha-
marré tombe à la seconde mue, et ce n'est qu'à dix-huit mois et même
à deux ans d'âge que ces oiseaux ont pris leur belle robe d'un blanc
pur et sans tache.

Comme le cygne mange assez souvent des herbes de marécages,
et principalement de l'algue, il s'établit de préférence sur les rivières
d'un cours sinueux et tranquille, dont les rives sont bien fournies
d'herbages. Les anciens ont cité le *Méandre*, le *Mincio*, le *Strymon*, le
Caystre, fleuves fameux par la multitude des cygnes dont on les voit
couverts. L'île *Paphos* en était remplie. Strabon parle des cygnes

d'Espagne, et, suivant Élien, l'on en voyait de temps en temps
paraître sur la mer d'Afrique ; d'où l'on peut juger, ainsi que par
d'autres indications, que l'espèce se porte jusque dans les régions du
Midi ; néanmoins celles du Nord semblent être la vraie patrie du
cygne et son domicile de choix, puisque c'est dans les contrées septentrionales qu'il niche et multiplie. Dans nos provinces, nous ne
voyons guère de cygnes sauvages que dans les hivers les plus rigoureux. On dit qu'en Suisse on s'attend à un long et rude hiver quand
on voit arriver beaucoup de cygnes sur les lacs. C'est dans cette
même saison rigoureuse qu'ils paraissent sur les côtes de France,
d'Angleterre, et sur la Tamise, où il est défendu de les tuer, sous
peine d'une grosse amende. Plusieurs de nos cygnes domestiques partent alors avec les sauvages, si l'on n'a pas la précaution d'ébarber
les grandes plumes de leurs ailes.

Dans toutes les espèces de cette nombreuse tribu, il se trouve au-
dessous des plumes extérieures un duvet bien fourni qui garantit
le corps de l'oiseau des impressions de l'eau. Dans le cygne, ce duvet est d'une grande finesse, d'une mollesse extrême, et d'une
blancheur parfaite : on en fait de beaux manchons, et des fourrures
aussi délicates que chaudes.

La chair du cygne est noire et dure, et c'est moins comme un
bon mets que comme un plat de parade qu'il était servi dans les
festins chez les anciens, et, par la même ostentation, chez nos an-
cêtres. Quelques personnes m'ont néanmoins assuré que la chair
des jeunes cygnes était aussi bonne que celle des oies du même
âge.

Quoique le cygne soit assez silencieux, il a néanmoins les organes
de la voix conformés comme ceux des oiseaux d'eau les plus loqua-
ces : la trachée-artère, descendue dans le sternum, fait un coude,
se relève, s'appuie sur les clavicules, et de là, par une seconde
inflexion, arrive aux poumons. A l'entrée et au-dessous de la bifur-
cation se trouve placé un vrai larynx, garni de son os hyoïde,
ouvert dans sa membrane en bec de flûte ; au-dessous de ce larynx,
le canal se divise en deux branches, lesquelles, après avoir formé
chacune un renflement, s'attachent aux poumons. Cette conformation, du moins quant à la position du larynx, est commune à beaucoup d'oiseaux d'eau, et même quelques oiseaux de rivage ont les
mêmes plis et inflexions à la trachée-artère ; et, selon toute apparence, c'est ce qui donne à leur voix ce retentissement bruyant
et rauque, ces sons de trompette ou de clairon qu'ils font entendre
du haut des airs et sur les eaux.

Néanmoins la voix habituelle du cygne privé est plutôt sourde
qu'éclatante ; c'est une sorte de *strideur* parfaitement semblable à
ce que le peuple appelle le *iurement du chat*. C'est, à ce qu'il paraît,
un accent de menace ou de colère ; ce n'est point du tout sur des
cygnes presque muets, comme le sont les nôtres dans la domesticité, que les anciens avaient pu modeler ces cygnes harmonieux
qu'ils ont rendus si célèbres. Mais il paraît que le cygne sauvage
a mieux conservé ses prérogatives, et qu'avec le sentiment de la
pleine liberté il en a aussi les accents. L'on distingue en effet dans
ses cris, ou plutôt dans les éclats de sa voix, une sorte de chant
mesuré, modulé, des sons bruyants de clairon, mais dont les sons

aigus et peu diversifiés sont néanmoins très éloignés de la tendre mélodie et de la variété douce et brillante du ramage de nos oiseaux chanteurs.

Au reste, les anciens ne s'étaient pas contentés de faire du cygne un chantre merveilleux : seul entre tous les êtres qui frémissent à l'approche de leur destruction, il chantait encore au moment de son agonie, et préludait par des sons harmonieux à son dernier soupir. C'était, disaient-ils, près d'expirer, et faisant à la vie un adieu triste et tendre, que le cygne rendait ces accents si doux et si touchants, et qui, pareils à un léger et douloureux murmure, d'une voix basse, plaintive et lugubre, formaient son chant funèbre. On entendait ce chant lorsqu'au lever de l'aurore les vents et les flots étaient calmés ; on avait même vu des cygnes expirant en musique et chantant leurs hymnes funéraires. Nulle fiction en histoire naturelle, nulle fable chez les anciens, n'a été plus célébrée, plus répétée, plus accréditée ; elle s'était emparée de l'imagination vive et sensible des Grecs : poètes, orateurs, philosophes même, l'ont adoptée comme une vérité trop agréable pour vouloir en douter. Il faut bien leur pardonner leurs fables ; elles étaient aimables et touchantes ; elles valaient bien de tristes, d'arides vérités : c'étaient de doux emblèmes pour les âmes sensibles. Les cygnes sans doute ne chantent point leur mort ; mais toujours, en parlant du dernier essor et des derniers élans d'un beau génie prêt à s'éteindre, on rappellera avec sentiment cette expression touchante : *c'est le chant du cygne !*

LE ROSSIGNOL

Il n'est point d'homme bien organisé à qui ce nom ne rappelle quelqu'une de ces belles nuits de printemps où le ciel étant serein, l'air calme, toute la nature en silence, et pour ainsi dire attentive, il a écouté avec ravissement le ramage de ce chantre des forêts. On pourrait citer quelques autres oiseaux chanteurs dont la voix le dispute, à certains égards, à celle du rossignol. Les alouettes, le serin, le pinson, les fauvettes, la linotte, le chardonneret, le merle commun, le merle solitaire, le moqueur d'Amérique, se font écouter avec plaisir lorsque le rossignol se tait : les uns ont d'aussi beaux sons, les autres ont le timbre aussi pur et plus doux, d'autres ont des tours de gosier aussi flatteurs ; mais il n'en est pas un seul que le rossignol n'efface par la réunion complète de ses talents divers et par la prodigieuse variété de son ramage ; en sorte que la chanson de chacun de ces oiseaux, prise dans toute son étendue, n'est qu'un couplet de celle du rossignol. Le rossignol charme toujours, et ne se répète jamais, du moins jamais servilement : s'il redit quelque passage, ce passage est animé d'un accent nouveau, embelli par de nouveaux agréments ; il réussit dans tous les

genres, il rend toutes les expressions, il saisit tous les caractères,
et de plus il sait en augmenter l'effet par les contrastes. Ce cory-
phée du printemps se prépare-t-il à chanter l'hymne de la nature,
il commence par un prélude timide, par des tons faibles, presque
indécis, comme s'il voulait essayer son instrument et intéresser
ceux qui l'écoutent ; mais ensuite, prenant de l'assurance, il s'a-
nime par degrés, il s'échauffe, et bientôt il déploie dans leur pléni-
tude toutes les ressources de son incomparable organe : coups de
gosier éclatants ; batteries vives et légères ; fusées de chant, où la
netteté est égale à la volubilité ; murmure intérieur et sourd qui
n'est point appréciable à l'oreille, mais très propre à augmenter
l'éclat des tons appréciables ; roulades précipitées, brillantes et
rapides, articulées avec force et même avec une dureté de bon
goût ; accents plaintifs cadencés avec mollesse ; sons filés sans art,
mais enflés avec âme ; sons enchanteurs et pénétrants ; vrais soupirs qui semblent sortir du cœur et font palpiter tous les cœurs,
qui causent à tout ce qui est sensible une émotion si douce, une
langueur si touchante. C'est dans ces tons passionnés que l'on reconnaît le langage du sentiment qu'un époux heureux adresse à une
compagne chérie, et qu'elle seule peut lui inspirer ; tandis que
dans d'autres phrases plus étonnantes peut-être, mais moins expres-
sives, on reconnaît le simple projet de l'amuser et de lui plaire,
ou bien de disputer devant elle le prix du chant à des rivaux
jaloux de sa gloire et de son bonheur.

Ces différentes phrases sont entremêlées de silences, de ces silences qui, dans tout genre de mélodie, concourent si puissamment

La nature reprend toujours ses droits. Dessin de Giacomelli.

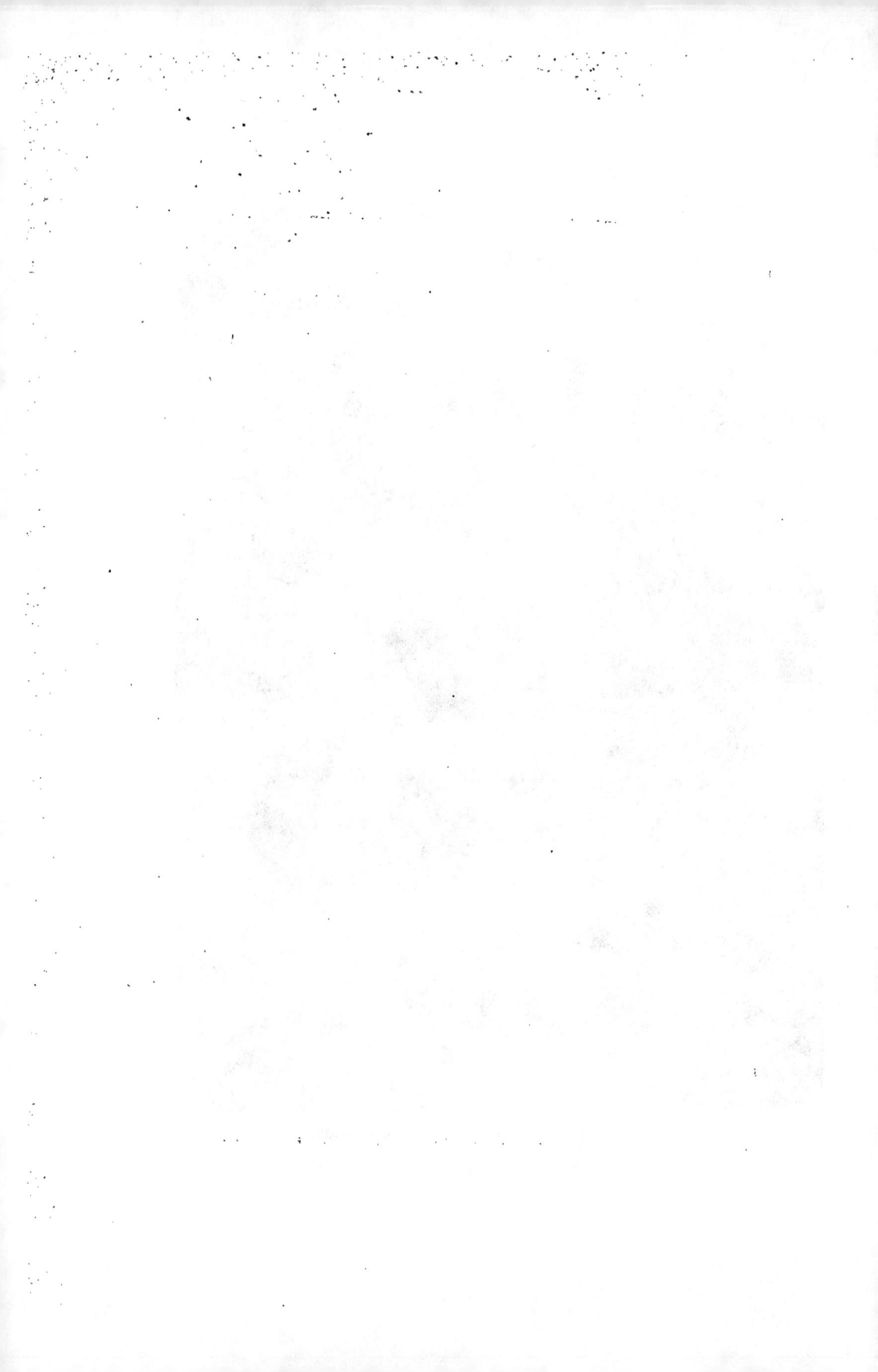

aux grands effets : on jouit des beaux sons que l'on vient d'entendre, et qui retentissent encore dans l'oreille ; on en jouit mieux, parce que la jouissance est plus intime, plus recueillie, et n'est point troublée par des sensations nouvelles. Bientôt on attend, on désire une autre reprise : on espère que ce sera celle qui plaît : si l'on est trompé, la beauté du morceau que l'on entend ne permet pas de regretter celui qui n'est que différé, et l'on conserve l'intérêt de l'espérance pour les reprises qui suivront. Au reste, une des raisons pourquoi le chant du rossignol est plus remarqué et produit plus d'effet, c'est parce que chantant la nuit, qui est le temps le plus favorable, et chantant seul, sa voix a tout son éclat, et n'est offusquée par aucune autre voix. Il efface tous les autres oiseaux, par ses sons moelleux et flûtés, et par la durée non interrompue de son ramage, qu'il soutient quelquefois pendant vingt secondes. Le même observateur a compté dans ce ramage seize reprises différentes, bien déterminées par leurs premières et dernières notes, et dont l'oiseau sait varier avec goût les notes intermédiaires. Enfin il s'est assuré que la sphère que remplit la voix du rossignol n'a pas moins d'un mille de diamètre, surtout lorsque l'air est calme : ce qui égale au moins la portée de la voix humaine.

Il est étonnant qu'un si petit oiseau, qui ne pèse pas une demi-once, ait tant de force dans les organes de la voix : aussi a-t-on observé que les muscles du larynx, ou, si l'on veut, du gosier, étaient plus forts à proportion dans cette espèce que dans toute autre, et même plus forts dans le mâle qui chante, que dans la femelle qui ne chante point.

Aristote, et Pline d'après lui, disent que le chant du rossignol dure dans toute sa force quinze jours et quinze nuits sans interruption, dans le temps où les arbres se couvrent de verdure : ce qui doit ne s'entendre que des rossignols sauvages, et n'être pas pris à la rigueur, car ces oiseaux ne sont pas muets avant ni après l'époque fixée par Aristote : à la vérité, ils ne chantent pas alors avec autant d'ardeur ni aussi constamment. Ils commencent d'ordinaire au mois d'avril, et ne finissent tout à fait qu'au mois de juin, vers le solstice ; mais la véritable époque où leur chant diminue beaucoup, c'est celle où leurs petits viennent à éclore, parce qu'ils s'occupent alors du soin de les nourrir, et que, dans l'ordre des instincts, la nature a donné la prépondérance à ceux qui tendent à la conservation des espèces. Les rossignols captifs continuent de chanter pendant neuf ou dix mois ; et leur chant est non seulement plus longtemps soutenu, mais encore plus parfait et mieux formé : de là cette conséquence, que dans cette espèce, ainsi que dans bien d'autres, le mâle ne chante pas pour amuser sa femelle, ni pour charmer ses ennuis durant l'incubation : conséquence juste et de toute vérité. En effet, la femelle qui couve remplit cette fonction par instinct ; elle y trouve des jouissances intérieures dont nous ne pouvons bien juger, mais qu'elle paraît sentir vivement, et qui ne permettent pas de supposer que dans ces moments elle ait besoin de consolation. Or, puisque ce n'est ni par devoir ni par vertu que la femelle couve, ce n'est point non plus par procédé que le mâle chante ; il ne chante pas en effet durant la seconde incubation. C'est au printemps que les oiseaux éprouvent le besoin de chanter : ce sont les mâles qui chantent le plus ; ils chantent la plus grande partie de l'année, lorsqu'on sait faire régner

autour d'eux un printemps perpétuel. C'est ce qui arrive aux rossignols que l'on tient en cage, et même, comme nous venons de le
dire, à ceux que l'on prend adultes : on en a vu qui se sont mis à
chanter de toutes leurs forces peu d'heures après avoir été pris. Il
s'en faut bien cependant qu'ils soient insensibles à la perte de leur
liberté, surtout dans les commencements : ils se laisseraient mourir de faim les sept ou huit premiers jours, si on ne leur donnait la
becquée ; et ils se casseraient la tête contre le plafond de leur
cage, si on ne leur attachait les ailes ; mais à la longue la passion
de chanter l'emporte. Le chant des autres oiseaux, le son des
instruments, les accents d'une voix douce et sonore, les excitent
aussi beaucoup ; ils accourent, ils approchent, attirés par les
beaux sons ; mais les duos semblent les attirer plus puissamment :
ce qui prouverait qu'ils ne sont pas insensibles aux effets de l'har-
monie. Ce ne sont point des auditeurs muets ; ils se mettent à
l'unisson, et font tous leurs efforts pour éclipser leurs rivaux, pour
couvrir toutes les autres voix et même tous les autres bruits : on prétend qu'on en a vu tomber morts aux pieds de la personne qui chantait ; on en a vu un autre qui s'agitait, gonflait sa gorge et faisait
entendre un gazouillement de colère, toutes les fois qu'un serin qui
était près de lui se disposait à chanter, et il était venu à bout, par ses
menaces, de lui imposer silence : tant il est vrai que la supériorité
n'est pas toujours exempte de jalousie ! Serait-ce par une suite de
cette passion de primer, que ces oiseaux sont si attentifs à prendre
leurs avantages, et qu'ils se plaisent à chanter dans un lieu réson-
nant, ou bien à portée d'un écho ?

Tous les rossignols ne chantent pas également bien : il y en a dont le ramage est si médiocre, que les amateurs ne veulent point les garder ; on a même cru s'apercevoir que les rossignols d'un pays ne chantaient pas comme ceux d'un autre. Les curieux en Angleterre préfèrent, dit-on, ceux de la province de Surry à ceux de Middlesex, comme ils préfèrent les pinsons de la province d'Essex et les chardonnerets de celle de Kent. Cette diversité de ramage dans des oiseaux d'une même espèce a été comparée, avec raison, aux différences qui se trouvent dans les dialectes d'une même langue : il est difficile d'en assigner les vraies causes, parce que la plupart sont accidentelles. Un rossignol aura entendu par hasard d'autres oiseaux chanteurs : les efforts que l'émulation lui aura fait faire auront perfectionné son chant, et il l'aura transmis ainsi perfectionné à ses descendants ; car chaque père est le maître à chanter de ses petits ; et l'on sent combien, dans la suite des générations, ce même chant peut être encore perfectionné ou modifié diversement par d'autres hasards semblables.

Passé le mois de juin, le rossignol ne chante plus, et il ne lui reste qu'un cri rauque, une sorte de croassement, où l'on ne reconnaît point du tout la mélodieuse Philomèle ; et il n'est pas surprenant qu'autrefois en Italie on lui donnât un autre nom dans cette circonstance : c'est en effet un autre oiseau absolument différent, du moins quant à la voix, et même un peu quant aux couleurs du plumage.

Dans l'espèce du rossignol, comme dans toutes les autres, il se trouve quelquefois des femelles qui participent aux habitudes du mâle, et spécialement à celle de chanter. J'ai vu une de ces femelles chantantes qui était privée ; son ramage ressemblait à celui du mâle ; cependant il n'était ni aussi fort ni aussi varié ; elle le conserva jusqu'au printemps ; mais alors, subordonnant l'exercice de ce talent, qui lui était étranger, aux véritables fonctions de son sexe, elle se tut pour faire son nid et sa ponte. Il semble que dans les pays chauds, tels que la Grèce, il est assez ordinaire de voir de ces femelles chantantes, et dans cette espèce et dans beaucoup d'autres.

Comme il n'est pas donné à tout le monde de s'approprier le chant du rossignol par une imitation fidèle, et que tout le monde est curieux d'enjouir, plusieurs ont tâché de se l'approprier d'une manière plus simple, je veux dire en se rendant maîtres du rossignol lui-même, et le réduisant à l'état de domesticité ; mais c'est un domestique d'une humeur difficile, et dont on ne tire le service désiré qu'en ménageant son caractère. La gaieté ne se commande pas, encore moins les chants qu'elle inspire. Si l'on veut faire chanter le rossignol captif, il faut le bien traiter dans sa prison ; il faut en peindre les murs de la couleur de ses bosquets, l'environner, l'ombrager de feuillages, étendre de la mousse sous ses pieds, le garantir du froid et des visites importunes, lui donner une nourriture abondante et qui lui plaise ; en un mot, il faut lui faire illusion sur sa captivité, et tâcher de la rendre aussi douce que la liberté, s'il était possible. A ces conditions, le rossignol chantera dans la cage. Si c'est un vieux pris dans le commencement du printemps, il chantera au bout de huit jours et même plus tôt, et il recommencera à chanter tous les ans au mois de mai et sur la fin de décembre. Si ce sont des jeunes de la première ponte, élevés à la brochette, ils commenceront à gazouiller dès qu'ils commenceront à manger seuls ; leur voix se haussera, se formera par degrés ; elle sera dans sa force sur la fin de décembre, et ils l'exerceront tous les jours de l'année, excepté au temps de la mue ; ils chanteront beaucoup mieux que les rossignols sauvages ; ils embelliront leur chant naturel de tous les passages qui leur plairont dans le chant des autres oiseaux qu'on leur fera entendre, et de tous ceux que leur inspirera l'envie de les surpasser ; ils apprendront à chanter des airs, si on a la patience et le mauvais goût de les siffler avec la rossignolette ; ils apprendront même à chanter alternativement avec un chœur et à répéter leur couplet à propos ; enfin ils apprendront à parler quelle langue on voudra. Les fils de l'empereur Claude en avaient qui parlaient le grec et le latin ; mais ce qu'ajoute Pline est plus merveilleux : c'est que tous les jours ces oiseaux préparaient de nouvelles phrases, et même des phrases assez longues, dont ils régalaient leurs maîtres. L'adroite flatterie a pu faire croire cela à de jeunes princes ; mais un philosophe tel que Pline ne devait se permettre ni de le croire, ni de chercher à le faire croire, parce que rien n'est plus contagieux que l'erreur appuyée d'un grand nom. Aussi plusieurs écrivains, se prévalant de l'autorité de Pline, ont renchéri sur le merveilleux de son récit. Un entre autres rapporte la lettre d'un homme digne de foi (comme on va le voir !), où il est question de deux rossignols appartenant à un maître d'hôtellerie de Ratisbonne, lesquels passaient les nuits à converser en allemand sur les intérêts politiques de l'Europe, sur ce qui s'était passé, sur ce qui devait arriver bientôt, et qui arriva en effet. A la vérité, pour rendre la chose plus croyable, l'auteur de la lettre avoue que ces rossignols ne faisaient que répéter ce qu'ils avaient entendu dire à quelques militaires ou à quelques députés de la Diète qui fréquentaient la même hôtellerie ; mais avec cet adoucissement même, c'est encore une histoire absurde, et qui ne mérite pas d'être réfutée sérieusement.

J'ai dit que les vieux prisonniers avaient deux saisons pour chanter, le mois de mai et celui de décembre ; mais ici l'art peut encore faire une seconde violence à la nature, et changer à son gré l'ordre de ces saisons, en tenant les oiseaux dans une chambre rendue obscure par degrés, tant que l'on veut qu'ils gardent le silence, et leur redonnant le jour, aussi par degrés, quelque temps avant celui où l'on veut les entendre chanter ; le retour ménagé de la lumière, joint à toutes les autres précautions indiquées ci-dessus, aura sur eux les effets du printemps. Ainsi l'art est parvenu à leur faire chanter et dire ce qu'on veut et quand on veut ; et si l'on a un assez grand nombre de ces vieux captifs, et qu'on ait la petite industrie de retarder et d'avancer le temps de la mue, on pourra, en les tirant successivement de la chambre obscure, jouir de leur chant toute l'année, sans aucune interruption. Parmi les jeunes qu'on élève, il s'en trouve qui chantent la nuit ; mais la plupart commencent à se faire entendre le matin sur les huit à neuf heures dans le temps des jours courts, et toujours plus matin, à mesure que les jours croissent.

On ne se douterait pas qu'un chant aussi varié que celui du rossignol est renfermé dans les bornes étroites d'une seule octave : c'est cependant ce qui résulte de l'observation attentive d'un homme de

goût, qui joint la justesse de l'oreille aux lumières de l'esprit. A
la vérité, il a remarqué quelques sons aigus qui allaient à la double
octave, et passaient comme des éclairs ; mais cela n'arrive que très
rarement et lorsque l'oiseau, par un effort du gosier, fait octavier
sa voix, comme un flûteur fait octavier sa flûte en forçant le vent.

Cet oiseau est capable à la longue de s'attacher à la personne qui a soin de lui : lorsqu'une fois la connaissance est
faite, il distingue son pas avant de la voir, il la salue d'avance
par un cri de joie ; et s'il est en mue, on le voit se fatiguer en
efforts inutiles pour chanter, et suppléer, par la gaieté de ses mouvements, par l'âme qu'il met dans ses regards, à l'expression que
son gosier lui refuse. Lorsqu'il perd sa bienfaitrice, il meurt quelquefois de regret ; s'il survit, il lui faut longtemps pour s'accoutumer à
une autre : il s'attache fortement, parce qu'il s'attache difficilement,
comme font tous les caractères timides et sauvages. Il est aussi très
solitaire : les rossignols voyagent seuls, arrivent seuls aux mois
d'avril et de mai, s'en retournent seuls au mois de septembre ; et
lorsqu'au printemps le mâle et la femelle s'apparient pour nicher,
cette union particulière semble fortifier encore leur aversion pour la
société générale ; car ils ne souffrent alors aucun de leurs pareils
dans le terrain qu'ils se sont approprié : on croit que c'est afin d'avoir
une chasse assez étendue pour subsister, eux et leur famille ; et ce
qui le prouve, c'est que la distance des nids est beaucoup moindre
dans un pays où la nourriture abonde. Cela prouve aussi que la jalousie n'entre pour rien dans leurs motifs, comme quelques-uns l'ont
dit ; car on sait que la jalousie ne trouve jamais les distances assez

Le rossignol et son nid

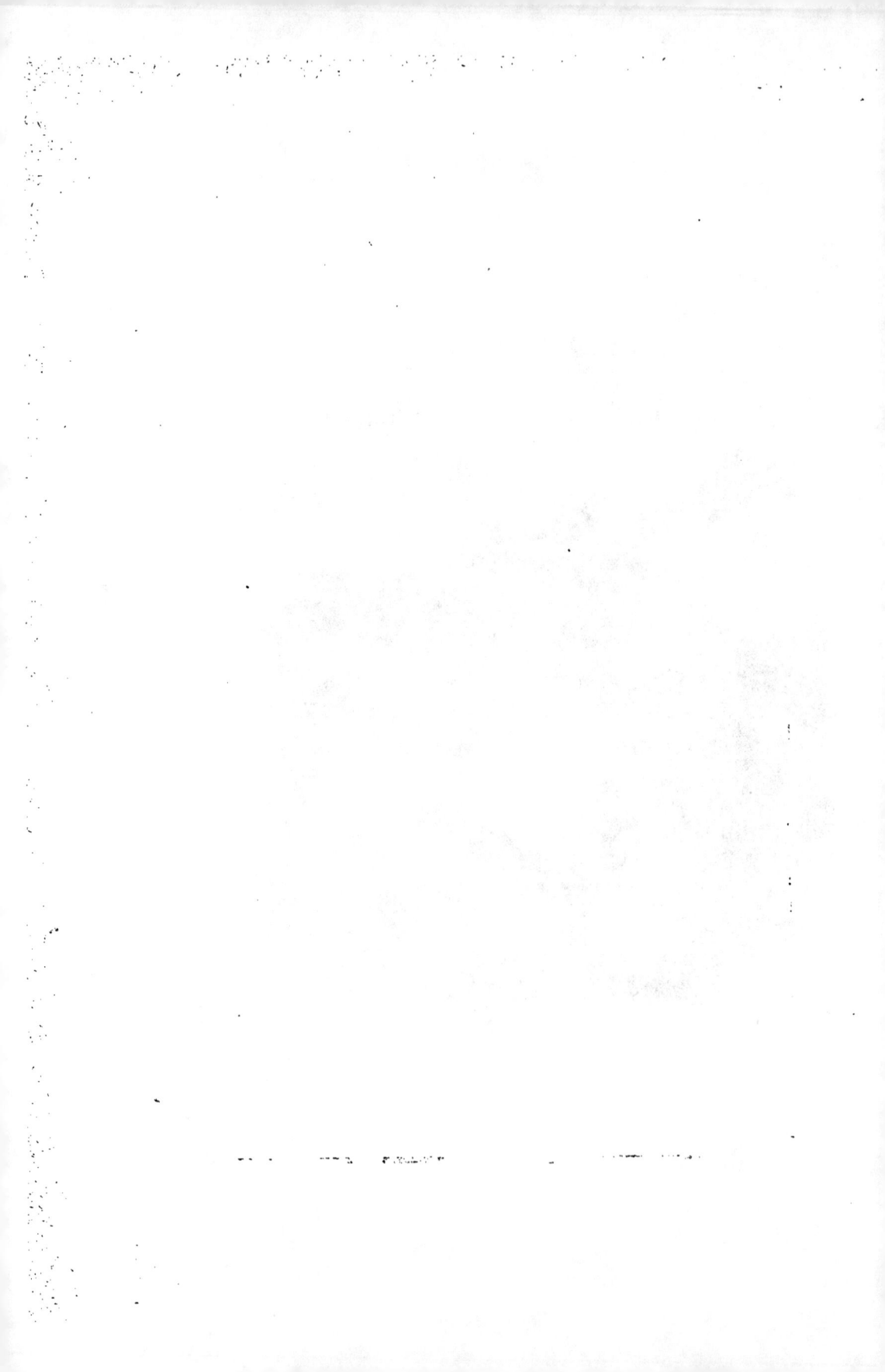

grandes, et que l'abondance des vivres ne diminue ni ses ombrages ni ses précautions.

Chaque couple commence à faire son nid vers la fin d'avril et au commencement de mai : ils le construisent de feuilles, de joncs, de brins d'herbe grossière. en dehors ; de petites fibres, de racines, de crin, et d'une espèce de bourre, en dedans : ils le placent à une bonne exposition, un peu tournée au levant, et dans le voisinage des eaux ; ils le posent ou sur les branches les plus basses des arbustes, tels que les groseillers, épines blanches, pruniers sauvages, charmilles, etc., ou sur une touffe d'herbe, et même à terre, au pied de ces arbustes ; c'est ce qui fait que leurs œufs ou leurs petits, et quelquefois la mère, sont la proie des chiens de chasse, des renards, des fouines, des belettes, des couleuvres.

Dans notre climat, la femelle pond ordinairement cinq œufs, d'un brun verdâtre uniforme, excepté que le brun domine au gros bout, et le verdâtre au petit bout : la femelle couve seule ; elle ne quitte son poste que pour chercher à manger, et elle ne le quitte que sur le soir, et lorsqu'elle est pressée par la faim : pendant son absence, le mâle semble avoir l'œil sur le nid. Au bout de dix-huit ou vingt jours d'incubation, les petits commencent à éclore. Le nombre des mâles est communément plus que double de celui des femelles : aussi, lorsqu'au mois d'avril on prend un mâle apparié, il est bientôt remplacé auprès de la veuve par un autre, et celui-ci par un troisième ; en sorte qu'après l'enlèvement successif de trois ou quatre mâles, la couvée n'en va pas moins bien. La mère dégorge la nourriture à ses petits, comme font les femelles des serins ; elle est ai-

dée par le père dans cette intéressante fonction ; c'est alors que celui-ci cesse de chanter, pour s'occuper sérieusement du soin de la
famille ; on dit même que, durant l'incubation, ils chantent rarement près du nid, de peur de le faire découvrir : mais lorsqu'on
approche de ce nid, la tendresse paternelle se trahit par des cris
que lui arrache le danger de la couvée, et qui ne font que l'augmenter. En moins de quinze jours les petits sont couverts de plumes,
et c'est alors qu'il faut sevrer ceux qu'on veut élever : lorsqu'ils volent seuls, les père et mère recommencent une autre ponte, et après
cette seconde une troisième ; mais, pour que cette dernière réus-
sisse, il faut que les froids ne surviennent pas de bonne heure.

Au mois d'août, les vieux et les jeunes quittent les bois pour se
rapprocher des buissons, des haies vives, des terres nouvellement
labourées, où ils trouvent plus de vers et d'insectes ; peut-être aussi
ce mouvement général a-t-il quelque rapport à leur prochain départ :
il n'en reste point en France pendant l'hiver, non plus qu'en Angleterre, en Allemagne, en Italie et en Grèce, et comme on assure
qu'il n'y en a point en Afrique , on peut juger qu'ils se retirent en
Asie. Cela est d'autant plus vraisemblable, que l'on en trouve en
Perse, en Chine, et même au Japon, où ils sont fort recherchés,
puisque ceux qui ont la voix belle s'y vendent, dit-on, très cher.
Ils sont généralement répandus dans toute l'Europe, jusqu'en Suède
et en Sibérie, où ils chantent très agréablement. Mais, en Europe
comme en Asie, il y a des contrées qui ne leur conviennent point, et
où ils ne s'arrêtent jamais : par exemple, le Bugey jusqu'à la hauteur de Nantua, une partie de la Hollande, l'Écosse, l'Irlande, la

partie du nord du pays de Galles, et même de toute l'Angleterre,
excepté la province d'York ; le pays des Dauliens aux environs de
Delphes, le royaume de Siam, etc. Partout ils sont connus pour des
oiseaux voyageurs ; et cette habitude innée est si forte en eux, que
ceux quel'on tient en cage s'agitent beaucoup au printemps et en automne, surtout la nuit, aux époques ordinaires marquées pour leurs
migrations : il faut donc que cet instinct qui les porte à voyager soit
indépendant de celui .qui les porte à éviter le grand froid, et à
chercher un pays où ils puissent trouver une nourriture convenable ;
car, dans la cage, ils n'éprouvent ni froid ni disette, et cependant
ils s'agitent.

Comme les rossignols, du moins les mâles, passent toutes les nuits
du printemps à chanter, les anciens étaient persuadés qu'ils ne dormaient point dans cette saison ; et de cette conséquence peu juste
est née cette erreur que leur chair était une nourriture antisopo-
reuse, qu'il suffisait d'en mettre le cœur et les yeux sous l'oreiller
d'une personne pour lui donner une insomnie ; enfin, ces erreurs ga-
gnant du terrain et passant dans les arts, le rossignol est devenu
l'emblème de la vigilance. Mais les modernes, qui ont observé de
plus près ces oiseaux, se sont aperçus que, dans la saison du chant,
ils dormaient pendant le jour, et que ce sommeil du jour, surtout
en hiver, annonçait qu'ils étaient prêts à reprendre leur ramage
Non seulement ils dorment, mais ils rêvent, et d'un rêve de
rossignol : car on les entend gazouiller à demi-voix et chanter tout
bas. Au reste, on a débité beaucoup d'autres fables sur cet oiseau,
comme on fait sur tout ce qui a de la célébrité : on a dit qu'une

vipère, ou, selon d'autres, un crapaud, le fixant lorsqu'il chante,
le fascine par le seul ascendant de son regard, au point qu'il perd
insensiblement la voix, et finit par tomber dans la gueule béante
du reptile ; on a dit que les père et mère ne soignaient parmi leurs
petits que ceux qui montraient du talent , et qu'ils tuaient les
autres, ou les laissaient périr d'inanition ; on a dit qu'ils chantaient
beaucoup mieux lorsqu'on les écoutait que lorsqu'ils chantaient
pour leur plaisir.

Les rossignols qu'on tient en cage ont coutume de se baigner après
qu'ils ont chanté : on a remarqué que c'était la première chose qu'ils
faisaient le soir, au moment où l'on allumait la chandelle. On a aussi
observé un autre effet de la lumière sur ces oiseaux, dont il est
bon d'avertir : un mâle qui chantait très bien, s'étant échappé de sa
cage, s'élança dans le feu, où il périt avant qu'on pût lui donner
aucun secours.

Les rossignols se cachent au plus épais des buissons ; ils se nourrissent d'insectes aquatiques et autres, de petits vers, d'œufs, ou
plutôt de nymphes de fourmis ; ils mangent aussi des figues, des
baies ; mais comme il serait difficile de fournir habituellement
ces sortes de nourriture à ceux que l'on tient en cage, on a ima-
giné différentes pâtées dont ils s'accommodent fort bien. J'ai vu un
rossignol qui, avec cette seule nourriture, a vécu jusqu'à sa dix-
septième année : ce vieillard avait commencé à grisonner dès l'âge
de sept ans : à quinze, il avait des pennes entièrement blanches aux
ailes et à la queue ; ses jambes ou plutôt ses tarses avaient beaucoup grossi par l'accroissement extraordinaire qu'avaient pris les

lames dont ces parties sont recouvertes dans les oiseaux ; enfin il avait des espèces de nodus aux doigts comme les goutteux, et on était obligé de temps en temps de lui rogner la pointe du bec supérieur ; mais il n'avait que cela des incommodités de la vieillesse ; il était toujours gai, toujours chantant, comme dans son plus bel âge, toujours caressant la main qui le nourrissait.

On a reconnu que les drogues et les parfums excitaient les rossignols à chanter ; que les vers de farine et ceux du fumier leur convenaient lorsqu'ils étaient trop gras, et les figues lorsqu'ils étaient trop maigres ; enfin que les araignées étaient pour eux un purgatif. On conseille de leur faire prendre, tous les ans, ce purgatif au mois d'avril ; une demi-douzaine d'araignées sont la dose ; on recommande aussi de ne leur rien donner de salé.

Tous les pièges sont bons pour les rossignols ; ils sont peu défiants, quoique assez timides. Si on les lâche dans un endroit où il y a d'autres oiseaux en cage, ils vont droit à eux, et c'est un moyen, entre beaucoup d'autres, pour les attirer. Le chant de leurs camarades, le son des instruments de musique, celui d'une belle voix, comme on l'a vu plus haut, et même des cris désagréables, tels que ceux d'un chat attaché au pied d'un arbre et que l'on tourmente exprès, tout cela les fait venir également. Ils sont curieux et même badauds ; ils admirent tout et sont dupes de tout. On les prend à la pipée, aux gluaux, avec le trébuchet des mésanges, dans des reginglettes tendues sur la terre nouvellement remuée, où l'on a répandu des nymphes de fourmis, des vers de farine, ou bien ce qui y ressemble, comme des morceaux de blancs d'œufs durcis, etc. Il faut avoir l'attention de faire ces reginglettes et autres pièges de même genre avec du taffetas, et non avec du filet, où leurs plumes s'embarrasseraient, et où ils en pourraient perdre quelques-unes, ce qui retarderait leur chant ; il faut, au contraire, pour l'avancer au temps de la mue, leur arracher les pennes de la queue, afin que les nouvelles soient plus tôt revenues ; car tant que la nature travaille à reproduire ces plumes, elle leur interdit le chant.

Ces oiseaux sont fort bons à manger lorsqu'ils sont gras, et le disputent aux ortolans : on les engraisse en Gascogne pour la table ; cela rappelle la fantaisie d'Héliogabale, qui mangeait des langues de rossignol et de paons, et le plat fameux du comédien Esope, composé d'une centaine d'oiseaux, tous recommandables par leur talent de chanter et par celui de parler.

Il s'en faut bien que le plumage de cet oiseau réponde à son ramage : il a tout le dessus du corps d'un brun plus ou moins roux ; la gorge, la poitrine et le ventre, d'un gris blanc ; le devant du cou, d'un gris plus foncé ; les couvertures inférieures de la queue et des ailes d'un blanc roussâtre dans les mâles ; les pennes des ailes, d'un gris brun tirant au roux ; la queue, d'un brun roux ; le bec brun, les pieds aussi, mais avec une teinte de couleur de chair ; le fond des plumes, cendré foncé.

L'asile de la fauvette, d'après Bodmer

LA FAUVETTE

Le triste hiver, saison de mort, est le temps du sommeil ou plutôt de la torpeur de la nature. Les insectes sans vie, les reptiles
sans mouvements, les végétaux sans verdure et sans accroissement,
tous les habitants de l'air détruits ou relégués, ceux des eaux ren-
fermés dans des prisons de glace, et la plupart des animaux terrestres confinés dans les cavernes, les antres et les terriers : tout nous
présente les images de la langueur et de la dépopulation. Mais le
retour des oiseaux au printemps est le premier signal et la douce
annonce du réveil de la nature vivante; et les feuillages renaissants,
et les bocages revêtus de leur nouvelle parure, sembleraient moins
frais et moins touchants, sans les nouveaux hôtes qui viennent
les animer.

De ces hôtes des bois, les fauvettes sont les plus nombreuses,
comme les plus aimables : vives, agiles, légères, et sans cesse re-
muées, tous leurs mouvements ont l'air du sentiment; tous leurs
accents, le ton de la joie. Ces jolis oiseaux arrivent au moment
où les arbres développent leurs feuilles et commencent à laisser

épanouir leurs fleurs ; ils se dispersent dans toute l'étendue de nos
campagnes : les uns viennent habiter nos jardins, d'autres préfèrent
les avenues et les bosquets ; plusieurs espèces s'enfoncent dans
les grands bois, et quelques-unes se cachent au milieu des roseaux. Ainsi les fauvettes remplissent tous les lieux de la terre,
et les animent par les mouvements et les accents de leur tendre
gaieté.

A ce mérite des grâces naturelles nous voudrions réunir celui de
beauté ; mais, en leur donnant tant de qualités aimables, la nature
semble avoir oublié de parer leur plumage. Il est obscur et terne :
excepté deux ou trois espèces qui sont légèrement tachées, toutes
les autres n'ont que des teintes plus ou moins sombres de blanchâtre,
de gris et de roussâtre.

La fauvette proprement dite habite avec d'autres espèces de
fauvettes plus petites dans les jardins, les bocages, et les champs
semés de légumes, comme fèves ou pois ; toutes se posent sur
la ramée qui soutient ces légumes ; elles s'y jouent, y placent leur
nid, sortent et rentrent sans cesse, jusqu'à ce que le temps de
la récolte, voisin de celui de leur départ, vienne les chasser de cet
asile.

Le nid de la fauvette est composé d'herbes sèches, de brins de
chanvre, et d'un peu de crins en dedans ; il contient ordinairement
cinq œufs, que la mère abandonne lorsqu'on les a touchés, tant
cette approche d'un ennemi lui paraît d'un mauvais augure pour sa
future famille. Il n'est pas possible non plus de lui faire adopter
des œufs d'un autre oiseau : elle les reconnaît, sait s'en défaire et les

La fauvette couturière et son nid.

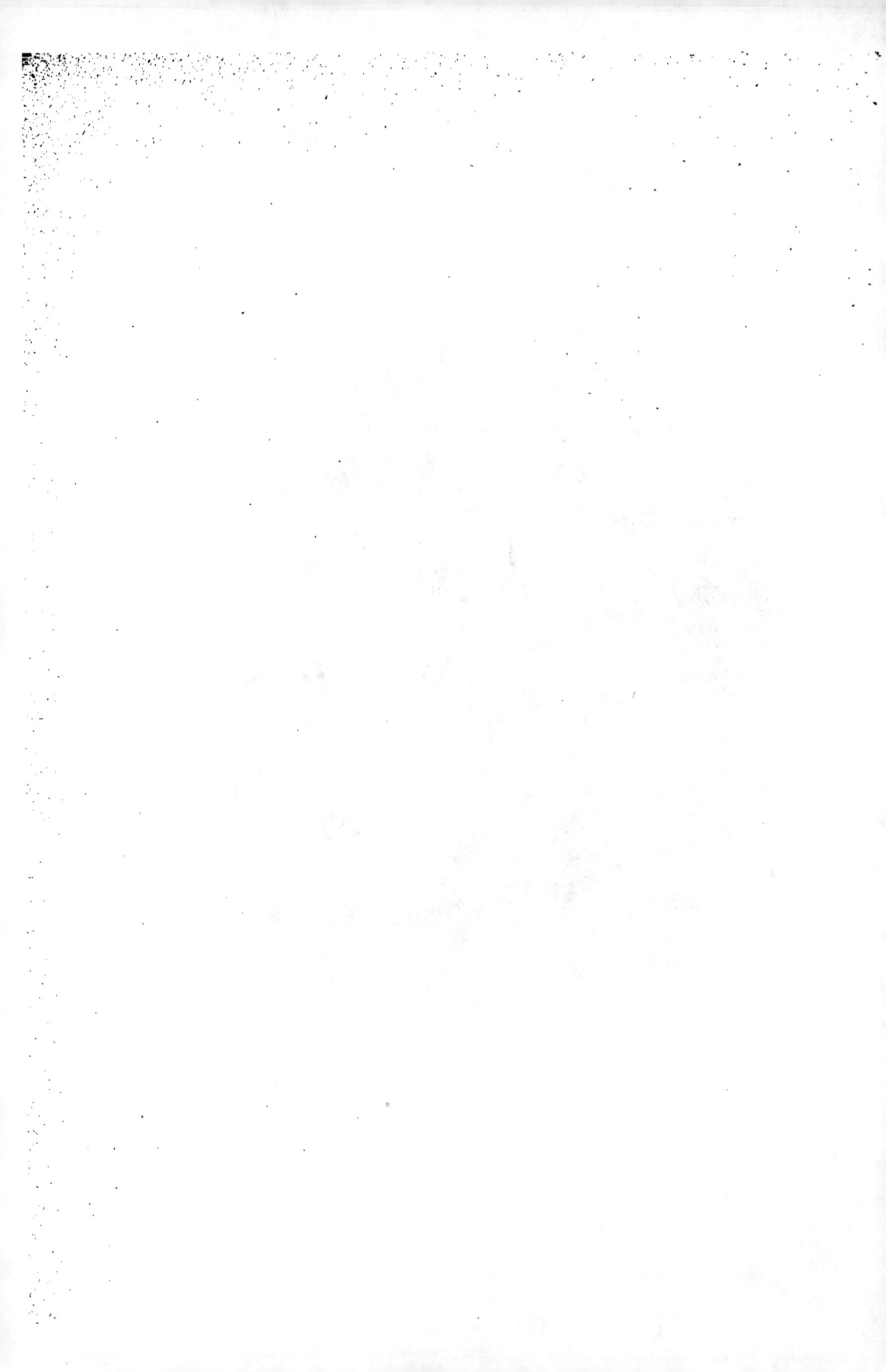

rejeter. « J'ai fait couver à plusieurs petits oiseaux des œufs étrangers, dit M. le vicomte de Querhoent, des œufs de mésange aux roitelets, des œufs de linotte à un rouge-gorge ; je n'ai jamais pu réussir à les faire couver par des fauvettes ; elles ont toujours rompu les œufs ; et lorsque j'y ai substitué d'autres petits, elles les ont tués aussitôt. » Par quel charme donc, s'il en faut croire la multitude des oiseleurs et même des observateurs, se peut-il faire que la fauvette couve l'œuf que le coucou dépose dans son nid, après avoir dévoré les siens ; qu'elle se charge avec affection de cet ennemi qui vient de lui naître, et qu'elle traite comme sien ce hideux petit étranger ? Au reste, c'est dans le nid de la fauvette babillarde que le coucou, dit-on, dépose le plus souvent son œuf ; et dans cette espèce le naturel pourrait être différent. Celle-ci est d'un caractère craintif ; elle fuit devant des oiseaux tout aussi faibles qu'elle, et fuit encore plus vite et avec plus de raison devant la pie-grièche, sa redoutable ennemie ; mais, l'instant du péril passé, tout est oublié ; et le moment d'après, notre fauvette reprend sa gaieté, ses mouvements et son chant. C'est des rameaux les plus touffus qu'elle le fait entendre ; elle s'y tient ordinairement couverte, ne se montre que par instants au bord des buissons, et rentre vite à l'intérieur, surtout pendant la chaleur du jour. Le matin, on la voit recueillir la rosée, et, après ces courtes pluies qui tombent dans les jours d'été, courir sur les feuilles mouillées, et se baigner dans les gouttes qu'elle secoue du feuillage.

Au reste, presque toutes les fauvettes partent en même temps

au milieu de l'automne, et à peine en voit-on encore quelques-
unes en octobre : leur départ est fait avant que les premiers froids
viennent détruire les insectes et flétrir les petits fruits dont elles
vivent.

Oiseaux-mouches, d'après Gou'd.

L'OÌSEAU-MOUCHE

De tous les êtres animés, voici le plus élégant pour la forme, et le plus brillant pour les couleurs. Les pierres et les métaux polis par notre art ne sont pas comparables à ce bijou de la nature ; elle l'a placé, dans l'ordre des oiseaux, au dernier degré de grandeur. Son chef-d'œuvre est le petit oiseau-mouche : elle l'a comblé de tous les dons qu'elle n'a fait que partager aux autres oiseaux : légèreté, rapidité, prestesse, grâce et riche parure, tout appartient à ce petit favori. L'émeraude, le rubis, la topaze, brillent sur ses habits ; il ne les souille jamais de la poussière de la terre, et, dans sa vie tout aérienne, on le voit à peine toucher le gazon par instants : il est toujours en l'air, volant de fleurs en fleurs, ; il a leur fraîcheur comme il a leur éclat ; il vit de leur nectar, et n'habite que les climats où sans cesse elles se renouvellent.

C'est dans les contrées les plus chaudes du nouveau monde que se trouvent toutes les espèces d'oiseaux-mouches. Elles sont assez nombreuses et paraissent confinées entre les deux tropiques ; car ceux qui s'avancent en été dans les zones tempérées n'y font qu'un court séjour : ils semblent suivre le soleil, s'avancer, se retirer avec lui, et voler sur l'aile des zéphyrs à la suite d'un printemps éternel.

Les Indiens, frappés de l'éclat et du feu que rendent les couleurs de ces brillants oiseaux, leur avaient donné les noms de *rayons* ou *cheveux du soleil*. Les Espagnols les ont appelés *tomineios*, mot relatif à leur excessive petitesse : le tomine est un poids de douze grains. Et, pour le volume, les petites espèces de ces oiseaux sont au-dessous de la grande mouche asile (*le taon*) pour la grandeur, et du bourdon pour la grosseur. Leur bec est une aiguille fine, et leur langue un fil délié ; leurs petits yeux noirs ne paraissent que deux points brillants ; les plumes de leurs ailes sont si délicates qu'elles en paraissent transparentes. A peine aperçoit-on leurs pieds, tant ils sont courts et menus ; ils en font peu d'usage : ils ne se posent que pour passer la nuit, et se laissent, pendant le jour, emporter dans les airs. Leur vol est continu, bourdonnant et rapide. On a comparé le bruit de leurs ailes à celui d'un rouet, et on l'exprime par les syllabes *hour, hour, hour*. Leur battement est si vif que l'oiseau, s'arrêtant dans les airs, paraît non seulement immobile, mais tout à fait sans action. On le voit s'arrêter ainsi quelques instants devant une fleur, et partir comme un trait pour aller à une autre. Il les visite toutes, plongeant sa petite langue dans leur sein, les flattant de ses ailes, sans jamais s'y fixer, mais aussi sans les quitter jamais ; cet amant léger des fleurs vit à leurs dépens sans les flétrir ; il ne fait que pomper leur miel, et c'est à cet usage que sa langue paraît uniquement destinée. Elle est composée de deux fibres creuses, formant un petit canal divisé au bout en deux filets ; elle a la forme d'une trompe, dont elle fait les fonctions : l'oiseau la darde

Colibris, d'après Gould.

hors de son bec, apparemment par un mécanisme de l'os hyoïde, semblable à celui de la langue des pics; il la plonge jusqu'au fond du calice des fleurs, pour en tirer les sucs.

Rien n'égale la vivacité de ces petits oiseaux, si ce n'est leur courage, ou plutôt leur audace : on les voit poursuivre avec furie des oiseaux vingt fois plus gros qu'eux, s'attacher à leur corps, et, se laissant emporter par leur vol, le becqueter à coups redoublés, jusqu'à ce qu'ils aient assouvi leur petite colère ; quelquefois même ils se livrent entre eux de très vifs combats. L'impatience paraît être leur âme ; s'ils s'approchent d'une fleur et qu'ils la trouvent fanée, ils lui arrachent les pétales avec une précipitation qui marque leur dépit. Ils n'ont point d'autre voix qu'un petit cri, *screp, screp,* fréquent et répété ; ils le font entendre dans les bois dès l'aurore, jusqu'à ce qu'aux premiers rayons du soleil, tous prennent l'essor et se dispersent dans les campagnes.

Ils sont solitaires, et il serait difficile qu'étant sans cesse emportés dans les airs, ils pussent se reconnaître et se joindre.

On voit les oiseaux-mouches deux à deux dans le temps des nichées. Le nid qu'ils construisent répond à la délicatesse de leur corps ; il est fait d'un coton fin, ou d'une bourre soyeuse recueillie sur des fleurs : ce nid est fortement tissu, et de la consistance d'une peau douce et épaisse. La femelle se charge de l'ouvrage, et laisse au mâle le soin d'apporter les matériaux : on la voit, empressée à ce travail chéri, chercher, choisir, employer brin à brin les fibres propres à former le tissu de ce doux berceau de sa progéniture ; elle en polit les bords avec sa gorge, le dedans avec sa queue ;

elle le revêt à l'extérieur de petits morceaux d'écorce de gommiers qu'elle colle alentour pour le défendre des injures de l'air, autant que pour le rendre plus solide : le tout est attaché à deux feuilles ou à un seul brin d'oranger, de citronnier, ou quelquefois à un fêtu qui pend de la couverture de quelque case. Ce nid n'est pas plus gros que la moitié d'un abricot, et fait de même en demi-coupe : on y trouve deux œufs tout blancs, et pas plus gros que de petits pois ; le mâle et la femelle les couvent tour à tour pendant douze jours ; les petits éclosent au treizième jour, et ne sont alors pas plus gros que des mouches. « Je n'ai jamais pu remarquer, dit un voyageur, quelle sorte de becquée la mère leur apporte, sinon qu'elle leur donne à sucer sa langue encore tout emmiellée du suc tiré des fleurs. »

On conçoit aisément qu'il est comme impossible d'élever ces petits volatiles ; ceux qu'on a essayé de nourrir avec des sirops ont dépéri dans quelques semaines. Ces aliments, quoique légers, sont encore bien différents du nectar délicat qu'ils recueillent en liberté sur les fleurs, et peut-être aurait-on mieux réussi en leur offrant du miel.

La manière de les abattre est de les tirer avec du sable ou à la sarbacane. Ils sont si peu défiants, qu'ils se laissent approcher jusqu'à cinq ou six pas. On peut encore les prendre en se plaçant dans un buisson fleuri, une verge enduite d'une gomme gluante à la main ; on en touche aisément le petit oiseau lorsqu'il bourdonne devant une fleur. Il meurt aussitôt qu'il est pris, et sert après sa mort à parer les jeunes Indiennes, qui portent en pendants d'oreilles

Le nid de l'oiseau-mouche.

deux de ces charmants oiseaux. Les Péruviens avaient l'art de composer avec leurs plumes des tableaux dont les anciennes relations ne cessent de vanter la beauté.

Avec le lustre et le velouté des fleurs, on a voulu encore trouver le parfum à ces jolis oiseaux ; plusieurs auteurs ont écrit qu'ils sentaient le musc. C'est une erreur dont l'origine est apparemment dans le nom qu'on leur a donné de *passer mosquitus*, aisément changé en celui de *passer moschatus*. Ce n'est pas la seule petite merveille que l'imagination ait voulu ajouter à leur histoire : on a dit qu'ils étaient moitié oiseaux et moitié mouches. On a dit qu'ils mouraient avec les fleurs, pour renaître avec elles ; qu'ils passaient dans un sommeil et un engourdissement total toute la mauvaise saison, suspendus par le bec à l'écorce d'un arbre. Mais ces fictions ont été rejetées par les naturalistes sensés ; un d'eux assure avoir vu durant toute l'année ces oiseaux à Saint-Domingue et au Mexique, où il n'y a pas de saison entièrement dépouillée de fleurs. Un autre dit la même chose de la Jamaïque, en observant seulement qu'ils y paraissent en plus grand nombre après la saison des pluies ; on les trouve toute l'année en grand nombre dans les bois du Brésil.

Nous connaissons vingt-quatre espèces dans le genre des oiseaux-mouches, et il est plus que probable que nous ne les connaissons pas toutes.

TABLE DES MATIÈRES

TABLE DES GRAVURES

POITIERS. — TYPOGRAPHIE OUDIN.